中国铝土矿显微结构研究

高振昕　刘百宽　著

北　京
冶金工业出版社
2014

内 容 简 介

　　本书包括中国铝土矿的化学-矿物组成和分类、铝土矿主矿物的热分解相变研究、铝土矿的烧结与均化烧结、高温反应生成新相和熔融析晶五部分内容。利用场发射扫描电镜-能谱仪（FESEM-EDS）并辅以化学分析、X 射线衍射分析等方法对铝土矿的化学-矿物组成、晶体形貌特征和各相的组成做了翔实鉴定，通过大量的、高分辨力的显微图像，展示了许多不曾被发现的、具有丰富的结晶学内涵的新现象，并对某些传统观念进行了回顾和探讨，提出了新的见解。

　　本书可供地矿、铝冶金、钢铁、耐火材料、陶瓷等专业科技人员和师生参考。

图书在版编目（CIP）数据

中国铝土矿显微结构研究/高振昕，刘百宽著 . —北京：
冶金工业出版社，2014.11
　　ISBN 978-7-5024-6671-8

　　Ⅰ. ①中… 　Ⅱ. ①高… 　②刘… 　Ⅲ. ①铝土矿—显微
结构—研究—中国 　Ⅳ. ①P618.45

　　中国版本图书馆 CIP 数据核字（2014）第 244622 号

出 版 人　谭学余
地　　　址　北京市东城区嵩祝院北巷 39 号　邮编　100009　电话　(010)64027926
网　　　址　www. cnmip. com. cn　电子信箱　yjcbs@ cnmip. com. cn
责任编辑　曾　媛　李维科　美术编辑　杨　帆　版式设计　孙跃红
责任校对　郑　娟　责任印制　牛晓波
ISBN 978-7-5024-6671-8
冶金工业出版社出版发行；各地新华书店经销；三河市双峰印刷装订有限公司印刷
2014 年 11 月第 1 版，2014 年 11 月第 1 次印刷
169mm×239mm；15.5 印张；298 千字；229 页
69.00 元
冶金工业出版社　投稿电话　(010)64027932　投稿信箱　tougao@cnmip. com. cn
冶金工业出版社营销中心　电话　(010)64044283　传真　(010)64027893
冶金书店　地址　北京市东四西大街 46 号(100010)　电话　(010)65289081(兼传真)
冶金工业出版社天猫旗舰店　yjgy. tmall. com
　　　　　　（本书如有印装质量问题，本社营销中心负责退换）

序

　　显微结构是决定耐火材料物理化学性能及应用效果的重要因素之一。研究耐火材料原料及其制品的显微结构特征及其演变过程与其物理性能之间的关系，是现代耐火材料科学研究的中心内容。

　　铝土矿是国内外生产高铝耐火材料的主要原料。铝土矿显微结构研究对于原料应用、制造工艺和制品性能等都至关重要。中国铝土矿研究始于 20 世纪 50 年代初，那时在河北省古冶发现了铝土矿。1954 年，郁国城先生发表了《水铝石的烧结》一文，开启了中国铝土矿研究的先河。随之，许多国内外学者相继投入到中国铝土矿研究中，引起国际关注。1984 年，高振昕先生和李广平先生总结了多年的研究成果，共同发表了《中国高铝矾土分类的研究》，对中国铝土矿进行了化学-矿物组成的系统分析和科学分类。随着社会发展和科技进步，研究手段也从光学显微镜、差热分析、X 射线衍射发展到现在普遍应用的场发射扫描电镜-能谱仪等。人们对中国铝土矿的认识也在不断深入。

　　近两年，高振昕先生会同刘百宽等研究人员开展了铝土矿再研究的课题，获得了一系列新成果，遂著成《中国铝土矿显微结构研究》一书。通过高分辨率的显微图像，展示了许多不曾被发现的、具有丰富结晶学内涵的新现象。

　　高振昕先生见证了 20 世纪 50 年代初至今，中国铝土矿发现、研究、开发和应用的全过程，他将半个多世纪来对中国铝土矿的认知和情感融入到了这本书中。全书涵盖了铝土矿的化学-矿物组成分析，主矿物的热分解相变研究，铝土矿烧结与均化烧结，高温反应生成新相和熔融析晶等铝土矿研究的全部内容。同时，对我国喀斯特铝土矿的化学-矿物组成做了深入的补充研究，发现了新的类型，丰富了中国铝土矿的内容。特别是他近年来通过高分辨率电镜观察到的一些前所未知的新现象，为进一步了解传统观念和显微结构分析实践之间的关系提供了新内容，为今后中国铝土矿的研究提出了新的思路。

60 年来，高振昕先生潜心研究耐火材料显微结构，古稀之年仍笔耕不辍。他一贯严谨的治学态度和高深的理论素养令我们敬仰。

高振昕先生是家父挚友，1956 年，两人在异地研究杨维骏先生安排的同一批铝土矿样品；在 1963—1964 年和 1973—1984 年期间，曾几度在一起合作研究中国铝土矿。在我的记忆中，仍萦绕着他与家父在一起废寝忘食般地研讨实验结果和论文撰写细节的情影，这些对我的学术成长起了潜移默化的影响。

谨致此序，感谢为中国铝土矿研究与应用打下坚实基础的前辈们。

李栖生

2014 年于洛阳理工学院

前　言

20 世纪 50 年代初，在我国河北省古冶发现了铝土矿。最初发现铝土矿能用于制造高铝耐火材料，具有重大实用价值，而在这之前，我国尚没有这类耐火材料。唐山钢厂生产的高铝砖以外形规整、致密度高、耐化学侵蚀和高温性能优良等优点著称，其在 1955 年法国里昂国际博览会上展出，受到各国科技界重视，引起国外冶金界和地质界学者的关注。1956 年，苏联科学院通讯院士 П. П. Будников 来华访问，专程来古冶参观高铝砖生产线和实验室。

60 年来，诸多国内外学者对我国铝土矿的研究从未中断过，在常规的铝土矿岩石学研究方法如 OM、XRD、TGA 和 DTA 等基础上还补充了扫描电镜分析，但在铝土矿组成矿物及其热分解和烧结过程的显微学研究尚缺乏手段和深度。近几年，我们采用高分辨力场发射扫描电镜重新研究了一些铝土矿矿区的矿物类型，发现远不止 30 年前认识的五种矿物组成类型，还有更复杂的却又丰富多彩的矿物类型。如广西铝土矿基本上是水铝石-三水铝石-高岭石（D-G-K）型；贵州铝土矿包含水铝石-白云母类型；河南还有含白云母和明矾石的复杂类型；而湖南地区的铝土矿分为勃姆石-高岭石（B-K）和水铝石-白云母（D-M）两种类型，其中含有无结晶形态的伊利石和黄铁矿氧化现象都很新奇。这些新发现，完全得益于晶体形貌的表征和微区元素的定量检测，从而弥补了历史上单以岩相法分析的不足，提高了对铝土矿的认知程度。

说起铝土矿的高档次和高附加值应用，首先当然是作为铝工业制造工业氧化铝和萃取稀有贵金属的原料；其次它也是耐火材料和陶瓷工业的重要原料，而且原则上是利用原矿，经相对简单的工艺工程便可获得烧结料或均化烧结料，俗称熟料。铝土矿熟料的显微结构取决于矿石的组成和构造，它又会影响制品的显微结构和技术性能。因此，耐火材料工业对铝土矿的要求较为严格。然而，多年来，耐火材料界受片面"高纯"、"高密"理念的影响，对铝土矿的品质提出了苛刻的要求，总以为氧化铝含量越高越好，杂质含量越低越好，而将大量有一定缺陷的原矿视为废物抛弃，忽视了耐火材料的实际性能并非仅受化学纯度的影响，而在更大程度上受显微结构控制的理念。早在国家"八五"科技攻关期间（1990～1995年），研究人员就发现，从国外引进的电炉用高铝砖的 Fe_2O_3 含量达2%以上，残存线膨胀率大于1%。按我国产品标准要求，这种高铝砖当属废品；然而，在实际使用中这种砖的使用效果良好。通过显微结构剖析发现，砖的颗粒组分复杂，可能就是用来自中国的铝土矿熟料混级料生产的。可见，我们应该重新审视高铝耐火材料的质量水平考核标准和对铝土矿要求的多元化，人们或许能从本书所述内容中得到某些启示。

作为耐火材料的重要原料，铝土矿的原矿烧结和均化烧结现象是首要的研究课题，多年前即开展了相关工作并提出了理念，基础理论和实验方法都是一脉相承的。但受当时检测仪器分辨力的限制，许多微结构细节都不曾被发现，无论是对矿石还是熟料，研究得均不够深入。诸如，水铝石分解后变为所谓刚玉"假象"，实际上是生成了纳米粒级刚玉，只有在100000倍放大倍率下才能观察到；稀有元素的结晶形貌和受热变化行为，也要在高倍率下才能被发现细节。其他现象如高岭石分解为莫来石和玻璃相及其析晶和二次莫来石化过程、钛酸铝的结晶形貌和固溶范围、六铝酸钙的结晶习性、白云母和明矾石熔融促进液相烧结、磁铁矿结晶和黄铁矿氧化等现象，也都要在高分辨显微尺度上对其形貌和组成进行研究。这在通常的岩相分析的范畴内是无法企及和认知的。

许多传统文献认为，铁、钛离子在刚玉和莫来石晶体中有较大固溶度，在铝土矿烧结和熔融条件下更易固溶。此观点被学界普遍接受，但实际上是在固相反应的条件下，两相纯净界面间发生扩散行为时，铁、钛离子在刚玉和莫来石晶体中确有一定固溶度，但在界面存在液相，而且从含铁、钛的液相中析晶的刚玉和莫来石都很纯净，很少固溶铁、钛离子。这是通过测试晶体的点组成且观察到玻璃相中含有氧化铁、氧化钛的纳米析晶而获得证实的。那些纳米晶体黏附在刚玉和莫来石的表面，且被玻璃相掩蔽，用常规检验方法难以发现。这些问题过去都不曾被提及和讨论过，如今得以被发现，获得了新的启迪。

以上就是作者撰写本书的冀望。

本书第 1、2 章对我国喀斯特铝土矿的化学-矿物组成做了补充研究，发现了新的类型，由原来的 5 大类型扩充到水铝石-高岭石（D-K）型、勃姆石-高岭石（B-K）型、水铝石-叶蜡石（D-P）型、水铝石-伊利石（D-I）型、水铝石-高岭石-金红石（D-K-R）型、水铝石-三水铝石-高岭石（D-G-K）型和水铝石-云母（D-M）型共七大类型。本书中的晶体形貌图像和 EDS 分析结果展示了稀有元素的赋存形态，为合理地综合利用铝土矿资源提供了依据。第 3～5 章论述了铝土矿在固相烧结反应和熔体析晶两类不同过程中所表征的显微结构内容，显示出同一相的组成、结构和形态的差异，为进一步了解传统观念和显微结构分析实践之间的差异，提供了新内容，即为人们从实践中重新认识传统观念找到了新依据。

纵观本书内容，可概括出如下要点：

（1）就化学-矿物组成而论，我国绝大部分铝土矿的矿床质地良好，铝矿物以一水硬铝石为主，部分为勃姆石或三水铝石；而黏土矿物主要为高岭石和叶蜡石。部分矿石的结构复杂，多鲕体和疏松结构，而且但凡结构均匀、致密的矿石，其水铝石晶体略小且晶形不完整；而结构疏松的部分，水铝石都结晶良好且晶体粗大。绝大部分矿石杂质含量不高，无需选矿，可直接进行工业利用。

伊利石、云母和明矾石属含碱类矿物，一些含碱类矿物多的原料可供炼铝行业使用；而氧化铝含量范围较宽和杂质较少的原料可供耐火、陶瓷行业使用。有些矿区的原料中存在 Ce、Nd、Sr、As、Ga、Dy、Gd、Os 和 La 等稀有元素,多与磷酸盐伴生,或以完整结晶(较大晶体 $10 \sim 30\mu m$)或无定形状态赋存,均可在高分辨 SEM 鉴定下展示其特征形貌。

(2)铝土矿烧结过程主要是水铝石分解形成刚玉假象后,仍保持其原始的形貌,能观察到许多微孔;当在 20000 倍率下观察便发现铝土矿已生成微粒状刚玉,彼此黏结在一起,也因脱水收缩,留下许多空隙和气孔。随温度升高刚玉微晶聚集长大,但晶间、晶内气孔不易排除。黏土矿物进行莫来石化和与水铝石分解后的刚玉反应进行二次莫来石化,同时伴随液相生成。

含钛矿物为重矿物搬运、沉积的,在水铝石之间的分布有些是均匀的,但更多是不均匀分布,也有富集的情况,而且它不一定具有平衡反应的条件。在水铝石与金红石直接接触的纯净界面上,在高温下发生 Al^{3+}-Ti^{4+} 互扩散,是不平衡过程,所以烧结的含 TiO_2 铝土矿的钛酸铝的相组成是不能计算的,可能生成计量化合物,也可能是非计量的,还可以与 Fe_2O_3-TiO_2 系的二元化合物 Fe_2TiO_5 形成固溶体,因其构造与 AT 相似。

早年形成的传统概念,认为钛、铁离子可以在很大程度上固溶于刚玉和莫来石中,经 HF 溶液处理的化学法分析可当作证据,新近研究揭示,这是不完全准确的。在均化烧结的条件下,当刚玉与含钛、锆、铁相界面之间存在液相(即便很少)时,这些元素都会以相应相析晶(纳米-亚微米尺度)而不是固溶于刚玉和莫来石中。这些微结构现象不曾被识别出来而被误认为是固溶;当于 100000 倍的倍率下观察时,便会发现液相中有 ZrO_2、Al_2TiO_5 两相共生的结构细节,部分 ZrO_2 呈小柱状结晶以及 ZrO_2、Al_2TiO_5 分相结构。

(3)铝土矿的岩石层理间常附生石灰石($CaCO_3$),当矿石为铝矿物时,在烧结料的钙质熔融区中生成典型六方片状 CA_6 结晶簇,对烧结料并无大碍;若遇黏土矿物,将生成低熔相或液相。明矾石是铝土矿中少见的矿物，过去不曾被发现，它与云母共生，在1200℃完全熔融形成液相，一些刚玉微晶溶解于其中；又在较稀薄的液相中析出细微的柱状刚玉。

铝土矿原料中存在的稀有元素经高温烧结会被蒸发掉，而有些高熔点元素会残存于烧结料中，清晰可辨。因其含量微小，对于其影响行为尚待研究。

铝土矿中常见锆英石以自形和半自形的颗粒混杂在矿石中，尽管其数量很少，但因其具有高分解点和化学稳定性，因此只有在很高的（如1600℃或以上）温度才分解为氧化锆和高硅质液相。Zr^{4+}既不固溶于刚玉、莫来石、AT，也不溶于液相。这似乎是一规律，在许多系统中都是如此。

（4）1957年提议的铝土矿均化烧结，主要是针对结构疏松、复杂的原料中膨胀的部分与收缩的部分平均一下，促进致密化烧结。将结构疏松的水铝石、多鲕体结构的水铝石-高岭石混杂料共同进行湿法或干法粉碎，成坯烧结，获得刚玉-莫来石两相熟料，以实现铝土矿均化烧结的宗旨。铝土矿原料中的夹杂矿物呈非均态分布，在原始状态下烧结生成的反应产物依旧为非均态分布，它们可能是具有较高熔点的氧化物或化合物，如ZrO_2、AT、MA、M_2S及其固溶体，也可能是低熔点含铁相和玻璃相。相对于主晶相刚玉和莫来石而言，它们的正效应或负效应均在局部起作用，对原料的使用效果的影响并不显著。一旦将铝土矿磨细，夹杂矿物被分散开并在一定程度上均化、彼此混合，都将形成液相填充于主晶相之间。高氧化铝含量均化料的缺点是使赋存于不均匀状态的低熔物均匀分散于所有晶间，以薄膜状液相包裹刚玉，减少了固-固结合率。例如，以刚玉质颗粒为主的体系中，含有少许低熔颗粒，易蚀损的只是体系的局部；倘若将其均化，将使整个体系弱化，就如同为"癌细胞扩散"一样。在杂质含量一定的条件下，两相材料的显微结构优于单相材料者，这就比原来单纯追求高Al_2O_3含量的观念有所改进。因为，时下的均化烧结工艺不包含原料提纯，不会减少杂质的数量。而均化料的致密度之所以与理论密度相差甚远，是因为其中含有很多的封闭式气孔。

不加拣选的块状料烧后的显微结构，会呈现出疏松状刚玉质熟料的结构和玻璃相胶结的致密结构，而这两种典型结构皆不理想；将它们混合磨细均化烧结，演变为"致密的玻璃相胶结"的均化料，也未必好。

（5）电熔铝土矿泛称为棕刚玉，为熔体析晶的产物，Al_2O_3 和杂质含量的波动范围很大，而从含杂质的液相中结晶的刚玉却很纯净，很少固溶 Fe、Ti 离子。莫来石只固溶少许 Ti 离子而不固溶 Fe，这是很值得关注的现象。Fe、Ti 离子与 Al、Si、K、Na 等组分很容易生成液相，而不易置换或插入刚玉或莫来石晶格。所以，稀薄环境相中析出的晶体，易于保持晶体形貌的自范性，是因为原子在晶格构造中的有序排列。电熔铝土矿的熔融条件偏向于还原性，所以，冷凝材料中存在一定量还原相，如各种金属、合金和 Ti-Fe 的碳-氧化物。

棕刚玉、亚白刚玉可以是相对纯净的原料，适用于耐火材料行业；而有的杂质较多，生成大量液相及其二次析晶，为研究多元系熔融-析晶行为提供了丰富的材料。含铁、钛、硅等杂质多的棕刚玉则是做磨料的好原料。

（6）同一组分的铝土矿在原块料烧结、均化烧结和电熔三种不同处理条件下所获得的原料，在相的组合、晶体形貌和共生与固溶关系上，存在原则上的区别。笔者通过大量显微图像加以翔实说明，对某些传统观念提出了不同意见。

让我们在更精细的尺度上来认知研究也许被视为粗糙的、简单的铝土矿的组成、显微结构和性能关系，深入剖析被发现的新奇现象、重新认识某些传统理念进而推陈出新。

自笔者 1957 年 6 月在《矽酸盐》（《硅酸盐学报》的前身）创刊号发表《高岭石-水铝石质矾土在烧结过程中的变化》一文至今，已过去了近 60 年。在这漫长的学术研究过程中，承蒙杨维骏、郁国城、李广平三位先生的指导与合作，使笔者对我国铝土矿的组成、显微结构和性能关系的探究始终抱有极大的热情。随着时代的进步，研究、检测方法的改进，知识系统也同时不断丰满和更新。2011～2014年，濮阳濮耐高温材料（集团）股份有限公司开展了"铝土矿再研究"课题。刘百宽、贺中央和李学军制订、组织并参加了铝土矿及其烧结反应-熔融析晶的研究课题并安排相关人员采集样品，张厚兴组织分析检验工作。参加各项检验工作的单位和人员还有：张巍、范青松、傅秋华、何自战、李君霞、郑小平和濮耐化学分析室的诸位同仁；刘岩、方正国、徐延庆、王廷力、齐进、廖玉超和广西铝矿公司，为本研究课题提供了各类样品，他们都为本书的编写提供了大量帮助，笔者在此一并表示衷心感谢！本书的付梓，倘能激发同仁在铝土矿方面进行更多、更深、更广的探讨和实践，笔者则感幸甚。

著　者

2014 年 5 月

目　　录

1　铝土矿的化学-矿物组成和分类

我国铝土矿研究始于 20 世纪 50 年代初。

当时在古冶有个规模不小的、日伪时期留下的"古冶礬土矿公司"，开采出的高岭石质矿石被煅烧成熟料，称其为"礬土"，该词系日语，即指高岭石类原料。新发现的铝土矿 Al_2O_3 含量高，便称之为"高铝礬土"，后简化为"矾土"，一直沿袭至今。由于最先发起应用研究的是耐火材料工业生产-科研系统[1~11]，此称谓多流传于耐火材料-钢铁业界；而在地质学界却称其为铝土矿。从学术观点出发，应该用学名铝土矿（bauxite），定义为铝矿物和铝硅酸盐矿物复合的岩石，沉积岩。

1954 年，郁国城在中科院的《金属工作研究报告会刊》[1] 上发表了《水铝石的烧结》一文，介绍了古冶铝土矿原矿石的烧结变化，开启了中国铝土矿研究的新纪元。随之，张名大[2]、周宗[3]、高振昕[4]、钟香崇、李广平[5] 等，都在 20 世纪 50 年代进行了古冶铝土矿研究，其后，一些研究者发表了更多矿区原料的研究结果[6~11]。

Александрова[12] 在 1957 年发表文章，报道了中国铝土矿原料的特点和制造高铝砖的工艺要点；同年，Schueller[13] 也研究了河南巩义某矿的铝土矿手标本，发现了水铝石-叶蜡石共生的铝土矿新类型；1979 ~ 1980 年，Hill[14] 和 Schneider 等[15] 也都撰文介绍了中国的铝土矿。不过，他们往往只凭借某地标本或个别手标本的检验结果来评论"中国铝土矿的化学-矿物组成"，并在国外刊物和会议上发表论文，显然缺乏信服力。如 1975 年，Г. И. Бушинский 出版的《铝土矿地质学》[16] 也只是粗略地提到了中国山东、巩义、昆明等地的矿床构造，没有多少实质内容。再如，1984 年 2 月末，美国矿冶工程师学会（AIME）的工业矿物分会在洛杉矶召开的铝土矿专题学术会议（出版专集《Bauxite》一书[17]）上，澳大利亚国立大学的 A. B. Ikonnikov 撰文介绍了中国铝土矿的地质构造，其中的许多素材还是引自我国的地质期刊。国内地质界的崔毫[18] 和马既民[19] 在 1981 年研究过河南省黏土矿的地质特征，但也只简单地描述了铝土矿的矿物组成，因此这些文献均有一定的时代局限性。针对这种情况，高振昕和李广平[20] 在 1984 年

注：书中有矿物、晶体和相三个名词，前者指岩石学定义，即天然界晶体称矿物；后两者为材料科学称谓。

发表了多年以来的研究结果，以冀东、山西、山东、河南、四川和贵州各矿区近 400 余组化学-矿物组成分析结果为依据，将中国铝土矿划分为水铝石-高岭石（D-K）型、勃姆石-高岭石（B-K）型、水铝石-叶蜡石（D-P）型、水铝石-伊利石（D-I）型和水铝石-高岭石-金红石（D-K-R）型五类。矿藏量最大、分布最广的就是水铝石-高岭石（D-K）型，矿石中 Al_2O_3 的质量分数为 48% ~82%。

特别是近几年（2009~2012 年）地质勘探和研究部门进行了更广泛的地质学和岩石学研究，充实了对河南[21,22]、贵州[23,24]、广西[25,26]和湖南[27-29]铝土矿构造、组成和赋存稀土元素的认识，并指出："我国铝土矿分布在山西、河南、贵州、桂西等地，均属典型喀斯特型铝土矿；少部分红土型铝土矿分布在福建和桂中地区"[22]。

按岩石学定义，铝土矿是岩石名称，为铝矿物和黏土矿物的复合岩石。铝矿物包括一水硬铝石（简称水铝石，diaspore）α-AlO(OH)、一水软铝石（即勃姆石，boehmite），γ-AlO(OH) 和三水铝石（gibbsite），Al(OH)$_3$ 三种矿物；黏土矿物为高岭石、迪开石、叶蜡石和伊利石等。水铝石是成岩风化（diagenetic weathering）产物，与其他含水氧化铝矿物不同；勃姆石和三水铝石是成土风化（pedogenic weathering）产物。而与三水铝石相同组成的拜耳石（bayerite，即 Al(OH)$_3$）是人工晶体，为 Bayer 法制造氧化铝的副产品，不在铝土矿范畴。

水铝石，化学式为 AlO(OH)，斜方晶系，理论密度为 $3.48g/cm^3$，结晶形状为柱状、片状或粒状，结晶形状取决于沉积环境。铝土矿中的晶粒尺寸波动在 1~50μm 范围[4]，具有完全解理，在光学显微镜下检验可观察到粒状、片状晶形，但因晶体细小且双折射率高（$N_g - N_p = 0.048$），常观察不到完整的结晶形状而呈微晶（隐晶质）结构，而在 SEM 下观察断口可见短柱状和板状结晶形貌。勃姆石的化学式和相对分子质量与水铝石一样，即化学式为 AlO(OH)，相对分子质量 $M = 59.99$，而且也同为斜方晶系。但其晶胞体积比水铝石大些（勃姆石为 $127.75Å^3$，水铝石为 $117.81Å^3$），这就表明，它的理论密度较小：（理论密度为 $3.07g/cm^3$）。当晶体很大时，可根据折射率和双折射率差异加以区别，即勃姆石的折射率为 1.661~1.646，$N_g - N_p = 0.015$；水铝石的折射率为 1.752~1.700，$N_g - N_p = 0.052$，但两者的 2V 值都大于 80°。20 世纪 50 年代，笔者曾在河北铝土矿中观察到 50~100μm 的粗大水铝石，测出 2V 值接近 90°，光性为（+）。勃姆石的结晶微细，特别是当与高岭石均匀的混生在一起时，两者很难分辨；如用 XRD 分析，可凭借勃姆石的最强线（6.11Å），很容易将勃姆石与水铝石区分。笔者早年研究山东铝土矿时获得了 XRD 谱线，如图 1-1 所示。

三水铝石，化学式为 Al(OH)$_3$，单斜晶系，理论密度为 $2.44g/cm^3$，是以矿物收藏家 C. G. 吉布斯（Gibbs）的姓氏命名的，于 1822 年在耶鲁大学公布。它是沉积岩铝土矿的主要组成矿物之一，著名的圭亚那铝土矿就是由三水铝石构

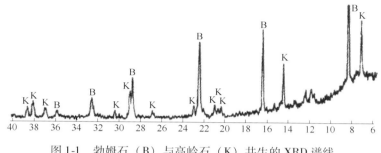

图 1-1　勃姆石（B）与高岭石（K）共生的 XRD 谱线

成，我国也有以三水铝石为主矿物的铝土矿。它也可以在低温热液条件下形成，在俄罗斯的热液脉中便发现有达 5cm 的巨晶。

关于氢氧化铝 $Al(OH)_3$ 的构造，曾有描述为：每个 Al^{3+} 与 3 个相邻 OH^- 配位成对，围绕 Al 原子成八面体配位，各层之间由氢键联结成网。三水铝石为 AB-BA-AB 型排列；拜耳石为 AB-AB-AB 型排列。

早年研究铝土矿的矿物组成，主要以 OM 法、XRD 法和 DTA 法为主要分析手段，再结合化学分析结果予以综合判断。如上所述，当晶体较大时（不小于 $30\mu m$）方可利用光学显微镜薄片观察并加以鉴定；而实际上，铝土矿所含矿物很少有足够大的尺寸。只凭光学显微镜分析难以对晶体形貌作细微观察，虽然部分的应用了 SEM，也因制样方法欠妥和分辨力低而无法获得清晰的图像。像高岭石类黏土矿物（伊利石、叶蜡石等）的 XRD 鉴定就成为定性的重要方法，但对少量矿物的鉴定却并不敏感，因此，要先进行矿物分离以获得单矿物。好在河南巩义地区有特殊的叶蜡石类原料和禹州地区有伊利石类原料，可供 XRD 分析获得典型的谱线，如图 1-2 和图 1-3 所示。

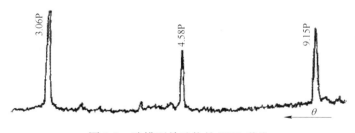

图 1-2　叶蜡石单矿物的 XRD 谱线

根据以上矿物鉴定结果，再以冀东、山西、山东、河南、四川和贵州各矿区近 400 余组化学分析数据和有代表性的矿物组成鉴定结果为依据，可将中国铝土矿划分为：水铝石-高岭石（D-K）型；勃姆石-高岭石（B-K）型；水铝石-叶蜡石（D-P）型；水铝石-伊利石（D-I）型；水铝石-高岭石-金红石（D-K-

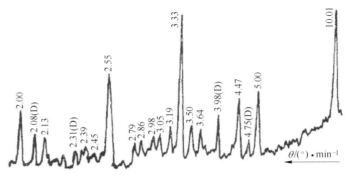

图 1-3　水铝石和伊利石共生的 XRD 谱线

R）型[20]。

　　这 5 类铝土矿的检验结果汇编于《耐火材料显微结构》一书中，已被诸多文献、书籍和手册转载。其化学组成的统计结果摘录在表 1-1 中，而 DTA 图谱明确地表征了 D-K、D-B-K、D-P 和 D-I 不同矿物组合的铝土矿的热谱特征，如图 1-4 所示。

表 1-1　中国铝土矿化学组成统计分析结果的历史资料

类型	产地	化学组成/%							
		Al_2O_3	SiO_2	TiO_2	Fe_2O_3	CaO	MgO	R_2O	I. L.
D-K	古冶	41 ~ 80	0.7 ~ 41	2.36 ± 0.56	1.15 ± 0.52	0.31 ± 0.18	0.13 ± 0.07		14.26 ± 0.38
	山西	45 ~ 82	0.4 ~ 38	3.13 ± 0.62	1.00 ± 0.54	0.34 ± 0.19	0.22 ± 0.12	0.15 ± 0.07	14.51 ± 0.32
	河南	40 ~ 80	0.8 ~ 42	2.99 ± 0.88	0.90 ± 0.40	0.19 ± 0.11	0.21 ± 0.16	0.42 ± 0.26	14.10 ± 0.39
	贵州	55 ~ 81	0.6 ~ 28	3.34 ± 0.69	1.18 ± 0.37	0.21 ± 0.16	0.17 ± 0.14	0.95 ± 0.79	14.04 ± 0.32
D-P	河南	40 ~ 76	4 ~ 44	2.99 ± 0.88	0.90 ± 0.40	0.16 ± 0.11	0.21 ± 0.16	0.42 ± 0.26	11.32 ± 1.89
B-K	山东	40 ~ 76	3 ~ 41	1.97 ± 0.63	1.52 ± 0.47	0.21 ± 0.10	0.48 ± 0.10	0.49 ± 0.23	14.41 ± 0.35
D-I	河南	37 ~ 76	4 ~ 44	2.99 ± 0.88	0.90 ± 0.40	0.31 ± 0.16	0.31 ± 0.16	2.97 ± 1.95	11.12 ± 2.24
D-K-R	四川	40 ~ 73	5 ~ 39	8.33 ± 1.96	1.97 ± 1.07	0.14 ± 0.07	0.14 ± 0.07	0.42 ± 0.41	11.45 ± 1.36

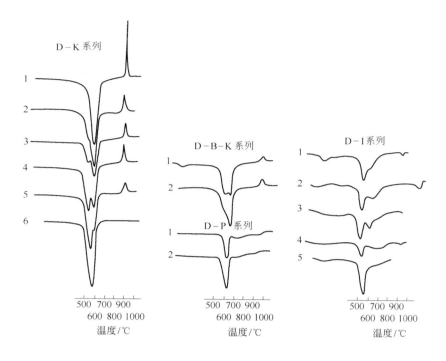

图 1-4　各种矿物的 DTA 谱线

　　由图 1-4 中 DTA 分析可知，水铝石和高岭石因结晶程度不同而使吸热谷的温度有所变化：水铝石吸热谷温度在 540~580℃ 之间波动；高岭石的波动范围为 600~620℃，迪开石为 650~670℃。D-K 型中谱线 1~6 为从纯高岭石到水铝石整个系列的差热分析结果，即谱线 1 为纯高岭石，谱线 6 为纯水铝石，谱线 2~谱线 5 分别为含量约为 20%、40%、60% 和 80% 的水铝石。

　　以高岭石为主的谱线 1 在 900~1000℃ 温度范围有个锐利的放热峰，代表在此温度下的铝硅尖晶石化；1200℃ 以上温度还有小放热峰，代表高岭石的莫来石化。

　　后来开采的广西铝土矿，以平果矿为例，基本上是水铝石和三水铝石混生型，且含部分高岭石，故为水铝石-三水铝石-高岭石（D-G-K）型，可以算作第 6 类；而湖南原料包括 B-K 型和 D-I-M 两个类型。

　　贵州铝土矿含 K_2O 较多，这与河南豫南矿区的 D-I 型原料相似。最近研究发现，贵州部分矿区原料含有大量完整的白云母与水铝石共生结晶，就矿物组成而论，应当属于 D-M 型，而不同于河南的 D-I 型。但白云母不是黏土矿物，因此它存在铝土矿中应当被视作杂质矿物，不宜以铝土矿组成矿物而论。

分布广泛且矿藏量最大的就是 D-K 型，Al_2O_3 含量（质量分数）在 48% ~ 82%。就岩石宏观结构而言，由于矿石分布不均匀，部分原料因含较多杂质矿物和围岩（石灰岩、黄铁矿等）而形态各异。综合各地原料的宏观构造特征，可将其概括为 4 类，即致密状、粗糙状、鲕状和多孔状。其显微结构特征如下。

（1）致密状矿石光滑、细腻，断面均匀。组成矿物或以水铝石（细晶质到隐晶质）为主，或以高岭石（或叶蜡石）为主。勃姆石和高岭石均匀混生的铝土矿也为致密状。

（2）粗糙状断面粗糙，略显疏松，但断面均匀。矿石主要成分为水铝石和高岭石，二者含量相近。水铝石晶体发育程度不一，由粗晶和隐晶不均匀混生；高岭石在其间的分布也不均匀。

（3）鲕状结构异常复杂，大致可归纳为以下几种：

1）鲕体全部为水铝石，晶体紧密堆积，其中水铝石或为粗大晶体，或为微晶质。

2）结晶发育良好的高岭石或叶蜡石构成鲕体核心，边缘为水铝石。

3）鲕体具有 2 ~ 7 层的同心结构，水铝石和高岭石相间分布。

4）鲕体基质为高岭石、叶蜡石或伊利石，其中均匀分布了含量不等的水铝石。

5）鲕体中包含若干小鲕体。

各种鲕体间的胶结相各异。

（4）多孔状铝土矿多为纯水铝石构成，结构十分疏松。水铝石一般都较粗大，有时在孔洞中填有其他搬运矿物，如金红石、锐钛矿或各类含铁矿物和含硫、磷矿物等。

最早投入生产的 D-K 型原料质地较纯，没有石英并且极少含有铁矿物伴生，因此无需选矿便可直接利用。但其中部分矿石结构复杂，又划分为水铝石类（特级、Ⅰ级）、水铝石-高岭石类（Ⅱ级）和以高岭石为主含少量水铝石的Ⅲ级料。同一矿区可能三类矿体共生或交错混杂，所以容易混级。特级和Ⅰ级矿石相对均匀，以水铝石为主或伴生少量高岭石，矿石分为致密型和疏松型，肉眼可辨。其中疏松型的 Al_2O_3 含量高（质量分数大于 80%）、水铝石晶体粗大，煅烧后依然疏松，似蜂窝状。这种类型矿石在当年都被废弃了，没有均化烧结利用。有的致密型矿石含铁、钛、钙杂质较多（质量分数小于 5%）煅烧后呈灰褐色，致密、坚硬、不易破粉碎，因此也被废弃，甚是可惜。

Ⅱ级料由水铝石和高岭石两矿物共生，Al_2O_3 含量在 55% ~ 70% 之间波动，波动范围太大，实践中又分出了所谓"高Ⅱ级"（Al_2O_3 含量为 62% ~ 70%）。部分矿石结构复杂，如果水铝石和高岭石两矿物均匀共生的矿石，其煅烧料虽会膨胀（无明显收缩）但却致密；而分层共生且多鲕体结构的矿石，煅烧后开裂，部分膨胀，部分收缩。早在 1957 年，笔者[4]就在光学显微镜下观察了鲕体结构，形态异常复杂。这其中有些鲕体为同质结构，即或为水铝石或为高岭石；有些鲕体还分为多层（水铝石和高岭石）同心圆结构。当年提出均化烧结的初衷就是解决这部分原料的利用问题，而不是把开采出的矿石一股脑地进行粉碎、造坯、均化煅烧成混合料。

　　四川的 D-K-R 型铝土矿的 TiO_2（主要是金红石、锐钛矿或板钛矿）含量达 5% ~ 10%，部分甚至更高达 18%。早年利用四川原料制高铝砖，因原料不好控制，制品性能不高[3]。该类矿石的主要问题是 TiO_2 分布不均匀和其他杂质较多。煅烧后若形成刚玉-钛酸铝（Tialite）、Al_2TiO_5 和刚玉-钛酸铝-莫来石类型的显微结构，只是不要形成较多玻璃相，仍不失为适用的材料[10,11]。至于 D-I 型和 D-M 型原料，即使均化烧结也无法作为制砖材料，它最适合于炼铝和陶瓷工业使用。

　　以上所述即为过去几十年研究中国铝土矿的一个梗概，由于受检验仪器分辨力的限制，研究还缺乏深度，尤其是缺少各种矿物的晶体形貌表征和组成分析，如今得以重新进行补充研究。

1.1　D-K 型铝土矿（山西）

　　河北、山西、河南和贵州的主要矿区为 D-K 型铝土矿，在文献［20］中有详细的化学组成和矿石结构鉴定结果。目前，河北的铝土矿基本上被开采殆尽；河南和贵州的铝土矿构造复杂且类型多。因此最典型的 D-K 型铝土矿还是产自山西的原料，直至今日，山西地区的原料矿藏依然丰富，故对采自山西某矿区的 4 种 D-K 型矿石作深入剖析。

1.1.1　化学组成

　　各种标样的化学分析结果见表 1-2，其中试样 A 和 D 的组成基本上为水铝石，只含少量高岭石；B 和 C 为两矿物共生。4 种试样的灼减量均在 14% 左右，因此可证实为 D-K 型矿物组合。从宏观结构观察，发现 A 样品较疏松且不很均匀；B 样品较疏松且有各类鲕体结构；C 样品和 D 样品致密且均匀。矿石中都含有少量 P 和 S 元素，前者主要是有机质组分；而后者经鉴定发现为硫化铁矿物的成分。

表 1-2　铝土矿样品的化学组成（质量分数）　（%）

样品编号	化 学 组 成											
	SiO_2	Al_2O_3	Fe_2O_3	TiO_2	CaO	MgO	K_2O	Na_2O	P_2O_5	SO_3	ZrO_2	I. L.
A	3.82	74.37	1.60	2.86	0.27	0.30	0.40	0.57	0.26	0.98	0.08	14.48
B	13.97	65.10	0.45	3.44	0.25	0.28	0.21	0.60	0.10	1.03	0.15	14.28

样品编号	化学组成											
	SiO$_2$	Al$_2$O$_3$	Fe$_2$O$_3$	TiO$_2$	CaO	MgO	K$_2$O	Na$_2$O	P$_2$O$_5$	SO$_3$	ZrO$_2$	I. L.
C	11.02	68.11	0.48	3.73	0.32	0.27	0.15	0.49	0.13	0.92	0.14	14.27
D	3.76	75.53	0.76	2.77	0.26	0.25	0.28	0.48	0.19	1.12	0.09	14.61

1.1.2　矿物共生形貌

　　过去用光学显微镜观察铝土矿薄片曾概括出了结构疏松、多鲕体类型矿石的多种复杂结构类型[4,20]。其实，用光学显微镜研究铝土矿只能得出粗略的岩石结构印象，观察不清水铝石、高岭石和夹杂矿物的真实情况，这是因为晶体太小（小于薄片厚度），特别是致密型的矿石更是无法分辨晶体的形貌。而在高分辨率的电镜下却可以清晰地显示出这些晶体的结构细节，如图 1-5 所示为放大 50000 倍拍摄到的结晶完整的单晶水铝石形貌。从图中可以看出，晶体呈短柱状，晶体尺寸为 1~2μm。而许多 10~20μm 的较大晶体多为聚形，晶间夹杂一些钛铁矿微粒（白色微粒），如图 1-6 所示。

　　高岭石具有叶片状结晶习性，晶体更为细小。图 1-7 是在 10000 倍下拍摄到

图 1-5　水铝石单晶形貌

图 1-6　水铝石聚形（伴生钛铁矿微粒）

的高岭土连生形貌，叶片尺寸在 $5 \sim 10 \mu m$ 范围，厚度远小于 $1 \mu m$，借助于 EDS 分析（图 1-7 中谱图不能显示 H 元素）得出 Al/Si = 12.4/13.1，原子数百分含量近于 100%，证明矿石中不含其他元素，得以确定其为纯高岭石组成。

　　水铝石和高岭石的分布状态将决定烧结产物的相组合关系，如图 1-8 所示为两矿物均匀分布的状态。叶片状高岭石夹杂在水铝石晶间，成就了二次莫来石化紧密接触的反应烧结条件。

　　水铝石和高岭石共生的矿石分为两种类型：均匀分布和不均匀分布。若为均匀分布，两矿物的结晶程度均较差，在 OM 下观察薄片得不到清晰的图像，即使在中倍率扫描电镜下拍摄的图像也没显示出形貌特征，因为结晶过于微细和均匀，如图 1-9 所示；只有在 10000 倍高倍率电镜下方可显示出水铝石和高岭石之间的形貌差异，并可借 EDS 佐证填充于不规则粒状水铝石之间的亚微米级的片状高岭石，如图 1-10 所示。如此均匀的矿物分布，在烧结过程中容易莫来石化，烧结的熟料也是均匀的结构。至于因体积膨胀导致料块形成大尺寸层裂，则是自然现象，如果将其破碎至应用的颗粒度（粒度小于 5mm），势必会消除其影响。

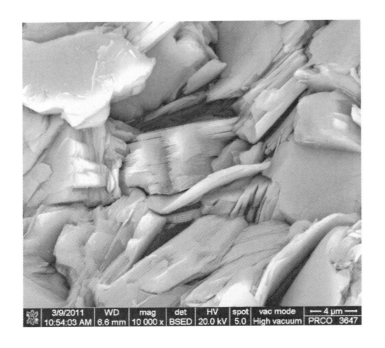

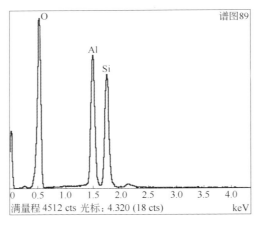

图 1-7　高岭石的片状晶体及 EDS 谱图

1.1.3　伴生矿物

　　世界许多地区的铝土矿都夹杂或多或少的石英和不同的杂质矿物,而中国铝土矿没有石英,常见的重矿物有金红石(含锐钛矿、板钛矿)、钛铁矿和黄铁矿

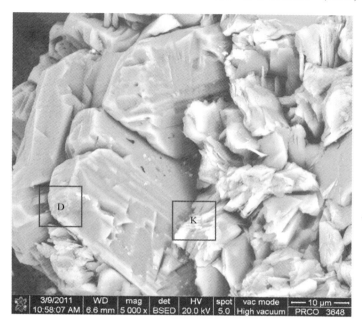

图 1-8   水铝石和高岭石共生的结构

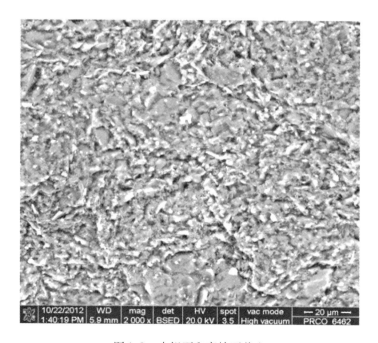

图 1-9   水铝石和高岭石共生

图 1-10　亚微米级的片状高岭石

等。有些沉积于石灰岩层的矿体中常见脉状侵入的方解石。所有这些搬运并沉积
于铝土矿中的伴生矿物的分布状态是很不均匀且没有规律的，但 TiO_2 类矿物沉
积量与水铝石有某种相关性，即在水铝石矿层的数量比高岭石矿层多[21]。早年
借助于光学显微镜能发现一些结晶粗大的杂质矿物（如金红石），但许多杂质矿物
的结晶形态并不清楚。如图 1-11 所示的 10 ~ 100nm 级的微晶基质（图 1-12 为放
大图像及其谱图），经 EDS 分析确认实际上是钛铁矿（$(Fe,Al)_2TiO_5$），其化学组成
（质量分数）为：Fe_2O_3 55.1%，TiO_2 37.3%，Al_2O_3 5.7%。在光学显微镜下准
确地鉴定含铁矿物是困难的，分辨不清形状的、半透明的、高折射（反射）率
的矿物常被估测为褐铁矿或黄铁矿，如无 XRD 佐证就难以确认。图 1-13 是在
10000 倍下拍摄到的水铝石晶间立方体状铁-硫化合物，依晶体形状判断可能为
立方晶系的黄铁矿，即 FeS_2（pyrite），其谱图为图 1-13 中的谱图。由于这些晶
体不过 1 ~ 2μm 大小，做能谱分析时电子束会穿透这些微晶的晶体和晶隙而探取
到水铝石，因而有显量的 Al 和 O 元素峰；但从 O 元素的高比例来看，可能对应
的成分为硫酸铁。化学分析结果显示有微量 Zr 元素存在，在一些矿石标本中可
发现结晶形态不完整的似锆英石微粒，应属搬运和漂移产物。

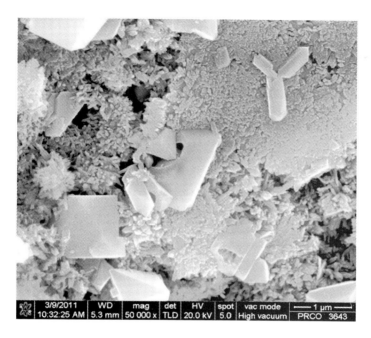

图1-11　水铝石晶间基质微粒为钛铁矿

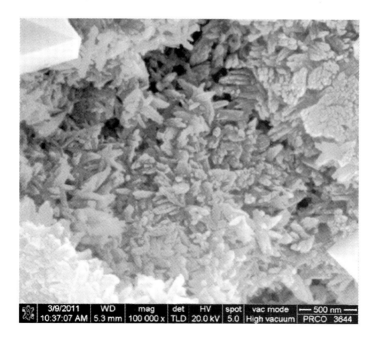

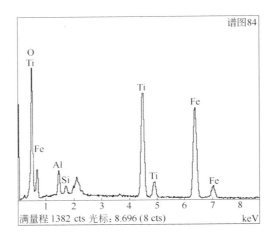

图 1-12　钛铁矿微晶形貌及 EDS 谱图

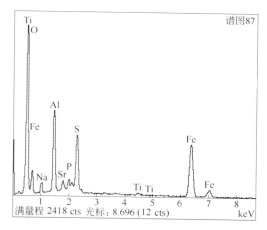

图 1-13 铁硫化合物的立方体形貌图
及 EDS 谱图

1.2 D-G-K 型铝土矿（广西）

早年研究我国铝土矿的矿物组成分类[20]，没有包括广西的原料。

近几年，地质界对我国铝土矿资源进行了广泛调研，其中不乏论及广西铝土矿资源的文章，如王庆飞等[21]称广西平果地区的铝土矿为硬水铝型、高铁型，属于喀斯特型；桂中为三水铝型、高铁型，属于红土型。对于这种划分方式，学界有不同看法，曾德启和俞缙等[23,24]认为广西矿区铝土矿主要包括沉积型和堆积型两种矿床，后者为前者风化改造而成，故这两类型又有"原生"和"次生"之称。其中沉积型的铝矿物为水铝石；堆积型为水铝石和三水铝石共生。他们借 OM 观察难以识别到三水铝石，认为是因其"物理性质表现为脆性，在薄片磨制过程中和样品加工过程中很容易破碎而损失，因此显微镜下很难但偶尔也能见到它的存在"。用 XRD 分析可鉴定出样品中存在水铝石、锐钛矿、赤铁矿、三水铝石和高岭石。以上的研究成果均未展示出铝土矿的组成矿物的结晶状态；此外，还有一些关于广西铝土矿地质勘探方面的调查报告，但未涉及到化学-矿物学研究问题。可见，关于广西铝土矿的化学-矿物组成和烧结问题，还有待进一步深入研究。

承蒙广西平果铝土矿鼎力相助，笔者采集了 6 种宏观结构不同的样品，块度在 100～150mm。借助于 XRF、FESEM-EDS 和 XRD 研究了样品化学-矿物组成，结果发现，平果矿区铝土矿异常复杂，其中 3 种矿石为水铝石和三水铝石混生结构；另外 3 种为高含铁矿物矿石。取 3 种样品进行烧结试验，在显微结构尺度上探讨含三水铝石矿物的反应行为。

1.2.1 化学组成

与河北、河南、山东、山西、贵州等地的原料不同，此次采集的 6 块样品均显现出了外观颜色和结构的混杂：1 号样品棕色，结构均匀、致密，质地坚硬；2 号样品为青灰色，部分区域有红色斑点，结构均匀、致密，在 6 个样品中最为坚硬；3 号样品为青灰色，结构均匀、致密，质地坚硬；4 号样品为暗灰色，结构较均匀，但质地疏松；5 号样品有明显分层，层面分别呈灰白色、赤红色、青黑色，其中灰白色区域质地疏松，其余区域致密；6 号样品为青灰色，夹带黄色斑点，质地疏松易脱落。对于同一矿区产出宏观结构迥异的矿石的现象，很难用成矿机制加以解释。

对上述 6 块样品取样采用灼烧失重法，测灼减量并用 XRF 仪做元素分析，结果见表 1-3。

表 1-3 平果铝土矿的化学组成（质量分数） （%）

编 号	化 学 组 成										
	SiO_2	Al_2O_3	Fe_2O_3	TiO_2	CaO	MgO	K_2O	Na_2O	P_2O_5	SO_3	I. L.
1	1.42	31.64	50.71	1.06	0.08	0.09	0.01	0.08	0.09	0.51	13.49
2	0.77	67.96	12.43	3.67	0.11	0.11	Tr.	0.08	0.05	0.46	13.86
3	6.79	71.90	1.17	4.92	0.11	0.12	0.36	0.21	0.09	0.38	13.34
4	0.81	75.87	2.92	4.85	0.07	0.11	0.01	0.09	0.03	0.41	14.3
5	8.46	57.29	17.18	2.14	0.11	0.12	0.05	0.11	0.01	0.49	13.7
6	4.70	73.66	1.24	4.74	0.06	0.06	0.02	0.14	0.05	0.43	14.4

由表 1-3 数据可见，6 种样品的化学组成变化范围较大，1 号样品的 Fe_2O_3 含量高达 50.7%，而 Al_2O_3 含量只有 31.64%，其他组分含量很少，但灼减量却高达 13.49%。这意味着铝矿物为三水铝石，或可能铁矿物含结晶水。这类矿石为贫矿类原料。从陶瓷、耐火材料工业对铝土矿品质评价的角度看，只有 3 号、4 号和 6 号样品尚可适用，样品中 Al_2O_3 含量大于 71.9%，Fe_2O_3 含量小于 2.9%；2 号和 5 号样品的 Fe_2O_3 含量大于 12%，或可供特殊用途，如以电熔法制备磨料、石油压裂支撑剂用原料等。

6 个样品 K_2O 和 Na_2O 的总含量，均很低（小于 0.51%）；CaO 和 MgO 的总含量小于 0.22%，也很低。6 个样品中铁含量低的样品，TiO_2 含量均较高，达到了 4.7% ~ 4.9%，与 Al_2O_3 含量成相关性。单就 Al_2O_3/SiO_2 的比值来看，较好的铝土矿属于特级、Ⅰ级原料，不过只占总量的一半。若能分级拣选，则可加以区分；但该矿区原料的宏观特征（颜色、比重和致密度）与化学组成相关性差，很难分选。

用 XRF 法可检测出平果铝土矿含有的稀有元素的分析结果见表 1-4，其中锶、镓和铌为贵金属元素。本工作将在矿物鉴定中寻找其赋存形态。

表 1-4 稀有元素分析结果（质量分数） （%）

编 号	化 学 组 成						
	MnO	Zr_2O_3	SrO	Ga_2O_3	Cr_2O_3	Nb_2O_5	As_2O_3
1	0.005	0.461		0.054	0.084	0.067	0.148
2	0.013	0.27		0.015	0.161	0.029	0.01
3	0.003	0.298	0.016	0.019	0.188	0.028	
4	0.006	0.375		0.014	0.113	0.041	
5	0.006	0.188		0.016	0.113	0.021	0.021
6	0.001	0.32		0.015	0.145	0.034	

1.2.2 主要矿物的组成和结构特征

1 号样品以铁氧化物为基质，三水铝石（$Al(OH)_3$，以 AH_3 表示，下同）构成的鲕体分布其中，交互共生。图 1-14 即为薄片状三水铝石结晶，片状晶体的尺寸比较均匀，最大不到 $10\mu m$。片状晶体的随机生长造成大量间隙，有损矿石的结构强度，这是磨片（尤其是磨制薄片）过程中易于脱落的根本原因，并非"三水铝石物理性质表现为脆性"。三水铝石的 EDS 谱（图 1-14）显示 O/Al

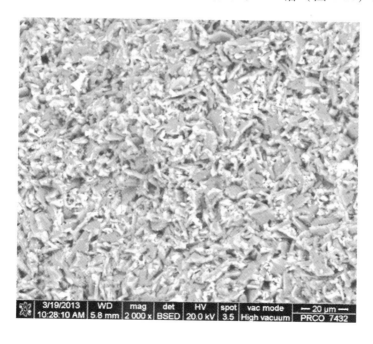

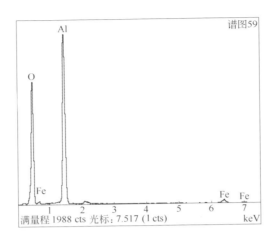

图 1-14   薄片状三水铝石结晶及 EDS 谱图

原子比近于 3∶1，符合 AH_3 的计量组成。铁矿物呈立方体层叠生长形貌，如图 1-15 所示，晶体符合磁铁矿的自形生长趋势，晶粒尺寸在 $10 \sim 20\mu m$ 范围，EDS 分析结果见图 1-15 的谱图。

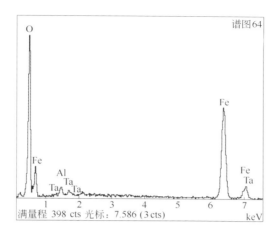

图 1-15　磁铁矿的自形生长及 EDS 谱图

2 号样品的主矿物为 AH_3，与水铝石（$AlO(OH)$，以 AH 表示，下同）呈团聚状不均匀共生。AH 呈短柱状晶体，大多小于 $10\mu m$，如图 1-16 所示，与 AH_3 很容易分辨。同时，借助于 EDS 分析，可得出 O/Al 原子比数据，由图 1-14 谱图和图 1-16 谱图对比清晰可见。

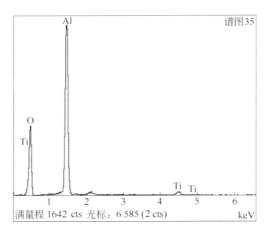

图 1-16   短柱状 AH 晶体及 EDS 谱图

该样品含铁量也很高，但含铁矿物却不是粗大的 F'F 型晶体，而是弥散状的微细针状和球状含铁相，均匀或富集地分布于铝矿物之间。如图 1-17 所示为富集于 AH 结晶区域的针状铁化合物（谱图 24）；而图 1-18 所示为针状铁与球状铁混杂在一起，与 AH 形成共生结构。针状铁的长度不过 $2 \sim 3 \mu m$，直径小于 $0.1 \mu m$；而球状铁也多在 $2 \mu m$ 以下。5 号样品的铝矿物为大片状结晶的 AH_3，也是高含铁原料，比 2 号样品高出约 5 个百分点，如图 1-19 所示为 AH_3 与铁矿物混生的

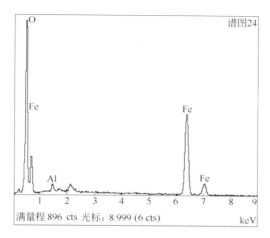

图 1-17 针状铁及 EDS 谱图

图 1-18 针状铁和球状铁与 AH 共生

结构。这里的铁氧化物具有 3 种形貌混杂在一起，其中针状铁、球状铁与 2 号样品相同，另外还有一种八面体形貌如图 1-20 所示，为聚集生成的磁铁矿，其中较大的晶体可接近 10μm，此结构在 1 号和 2 号样品中都不曾出现。

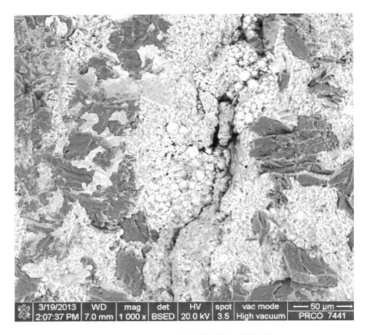

图 1-19　AH$_3$ 与铁矿物混生的结构

图 1-20　八面体铁氧化物

含铁量高的 3 个样品中，依含铁矿物的形貌判断，只可确认磁铁矿和赤铁矿，那些球状铁组分复杂，不具备特征晶形；也有些含铁相与 S 元素共生，但无结晶形状。

3 号、4 号和 6 号样品都为 AH 和 AH_3 两矿物混生结构，由于两矿物彼此紧密结合且晶体细小（小于 $10\,\mu m$），很难显示晶界，因此两者都显示不出完整的晶形。但 AH_3 在局部区域可以发育成较大的片状结晶，如图 1-21 所示；AH 晶体在适宜的空间，也能生长为较大的柱状晶体，如图 1-22 所示。它们的 EDS 谱可显示出 O/Al 原子比的明显差别。

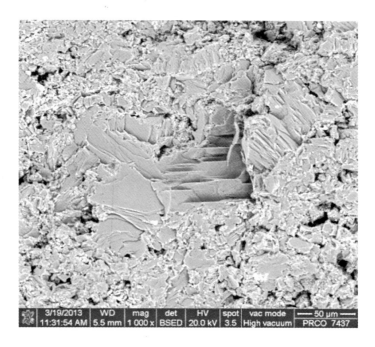

图 1-21　AH_3 片状结晶

从铝土矿应用的角度看，3 号、4 号和 6 号样品都是适用的原料，值得特别指出的是，TiO_2 含量很高的这 3 个样品可鉴定出的含钛晶体却很少，与化学组成不符，表明它呈弥散状分布，不宜鉴别。

3 号、5 号和 6 号样品含有 4.70% ~ 8.46% 的 SiO_2，主要为形成高岭石的组分。铝土矿赋存的高岭石都表征为微细的薄片状，在平果地区铝土矿中有同样的特征形貌，如图 1-23 所示，只有在 10000 倍率下拍摄才能获得如此清晰的照片。

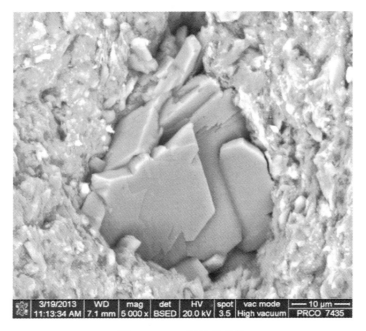

图 1-22   AH 板柱状晶体

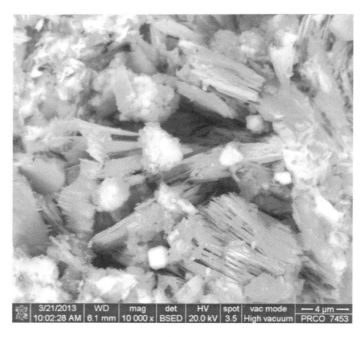

图 1-23   高岭石片状晶体

1.2.3　次要矿物的组成

如前所述，TiO_2 含量最高的矿石中可识别的、以单独晶体赋存的含钛相与化学组成在数值上不相吻合，只可见个别的形状不完整的颗粒，而且多呈蚀变状态。此现象与含有可鉴晶体形貌的金红石、板钛矿的河南、山西和四川的铝土矿不同，TiO_2 多呈弥散状分布。较高含量的 TiO_2 常与 Fe，Cr 等元素共生但无确定的晶形，如图 1-24 所示。

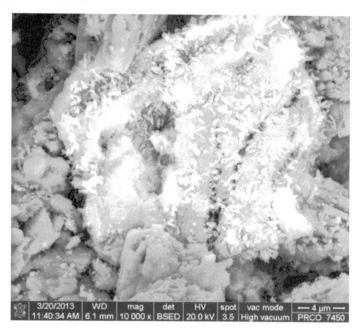

图 1-24　Ti，Fe，Cr 元素的无定形结构

表 1-4 为化学分析测试的稀有元素含量，其中锶、镓和钕为贵金属元素，但它们赋存的形式却没有形貌特征。Zr 元素在铝土矿中也属微量组分，以锆英石（$ZrSiO_4$）矿物形态存在。因其晶体构造异常的稳定，所以可以保持完整的晶形（见图 1-25 及谱图），晶体尺寸达 $20\sim30\mu m$。

1.3　D-M-K 型铝土矿（贵州）

铝土矿是贵州的重要矿产资源，20 世纪 50 年代开始用于耐火材料工业，后贵州成为铝业的重要原料基地。近年有多份关于贵州铝土矿的资源勘查与开发规划的报告在网络和报刊上公开发表，内容十分详尽[25,26]。对于该地区铝土矿的化学-矿物组成问题，早年做过基本研究[20]，但不够深入。

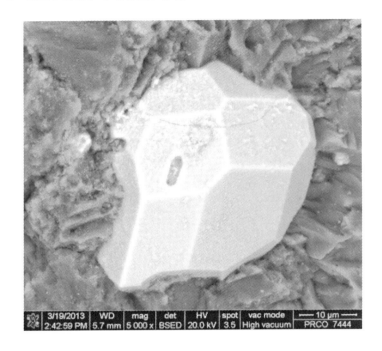

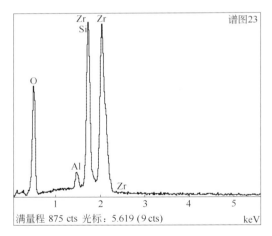

图 1-25　锆英石及 EDS 谱图

　　贵州地区铝土矿原则上属于 D-K 型，以水铝石为主的矿石的 Al_2O_3 含量大于 70%，有些更纯净、更致密的特级和 I 级料的 Al_2O_3 含量竟高达 75%~80%；但部分矿石含 K_2O 和 Na_2O 的数量较多，根据大量数据统计分析表明，其含量为 0.95%±0.79%[20]，足见波动范围很大。岩相分析表明，部分原料含有较多白云母类矿物，即应将其列入 D-M 型，它有别于河南的某些 D-I 型铝土矿。

1.3.1 化学组成

贵州铝土矿不乏极品类型，即不包括氧化钛的杂质总量不及 2% ~ 3%，且以水铝石为主的矿石。本研究选取 2 种极端型手标本做化学分析，2 类矿石的化学组成见表 1-5。矿石宏观结构有明显区别，灰白色料（1 号样品）结构致密、质地坚硬；土黄杂色料（2 号样品）结构疏松，肉眼可见夹杂物。就常规组成而论，灰白色料的组成平常；而土黄色料的 TiO_2 和 K_2O 含量较高，实质上是存在较多锐钛矿和白云母的缘故。本化学分析特别注意到微量元素的赋存状态，以便为显微结构鉴定提供参考，两组数据均表现为高纯度原料，相分析结果显示只有水铝石和锐钛矿。

表 1-5　铝土矿的化学组成（质量分数）　　　　　　（%）

编号	化 学 组 成														
	Al_2O_3	SiO_2	Fe_2O_3	CaO	MgO	TiO_2	K_2O	Na_2O	P_2O_5	SO_3	MnO	ZrO_2	Y_2O_3	SrO	Ga_2O_3	I. L.
1	76.42	4.25	1.06	0.07	0.27	3.27	0.86	0.19	0.22	0.22		0.19	0.01	0.04	0.02	12.81
2	72.12	6.97	0.34	0.80	0.31	4.08	1.46	0.18	0.19	0.23	0.01	0.25	0.01	0.05	0.01	13.66

1.3.2 矿物组成

1.3.2.1 灰白色料

灰白色料基本上为全水铝石质结构，晶体的形状和尺寸分布如图 1-26 所示。晶体尺寸绝大部分小于 5μm，大小晶体彼此交织，在紧密堆积的条件下，晶体的自范性受到抑制；而在相对松散的环境却可结晶出完整的柱状晶体，如图 1-27 所示。该图显示的是水铝石致密结构中分散着一些同样是由水铝石构成的鲕体，小者百余微米，大者数毫米。图中基体为细小的、紧密堆积的水铝石，中间为百微米级的鲕体，其中的水铝石呈完整的板状晶体，尺寸约 5 ~ 8μm。在空洞中结晶的板状晶体可达 50 ~ 60μm，如图 1-28 所示。20 世纪 50 年代研究唐山地区铝土矿，借助光学显微镜观察，也曾发现过巨型水铝石晶体，还能找到垂直光轴和 $2V$ 面测定光性和光轴角（$2V > 80°$），可见晶体肯定大于 40 ~ 50μm。

如前所述，鲕体作为搬运式沉积岩结构特征在贵州的铝土矿中尤为突出，即使是水铝石单矿物型的原料，也有鲕体结构。至于有些宏观结构疏松的矿石，其鲕体的组成和结构就异常复杂。其中较大的鲕体为多层结构，核心为致密堆积的水铝石，周围数层疏松，含有一些云母类矿物，如图 1-29 所示即为鲕体中的片状云母。另一较小鲕体为疏松结构，由结晶良好的板状水铝石单一矿物构成。由

图 1-26   细小的水铝石晶界

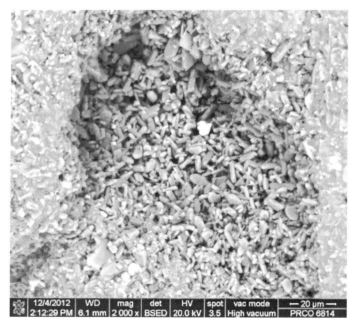

图 1-27   鲕体中发育良好的水铝石

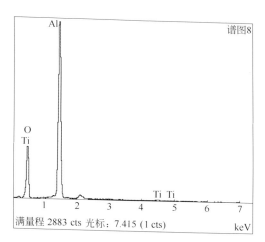

图 1-28   水铝石板状晶体及 EDS 谱图

此可见，结构均匀、致密的矿石，其水铝石晶体略小且晶形不完整；反之，结构疏松的部分，水铝石都结晶良好且晶体粗大。从岩石学、矿物学的角度出发，人们欣赏那些结晶完全的晶体；而从工艺学的角度考虑，那些晶体大小不均、形态不齐的矿物组合，才更适用于烧结为致密的耐火原料。所以，人们应该以结晶学

图 1-29 云母

和工艺学两方面知识来解读和理解显微结构图像内容。

1.3.2.2 土黄色料

　　土黄色料的结构复杂，除鲕体结构作为铝土矿结构不均匀、不致密的标志外，铝土矿的层带沉积也是一个重要标志。铝土矿的分层沉积矿床是岩石构造现象的体现，是宏观尺度上的数米至数公里范围的层带；也有的混杂矿床，分层厚度在数厘米范围之内。在肉眼的识别下，可以发现毫米级的分层结构，这也属于宏观层带结构。图 1-30 所显示的图像内容为 0.1~0.2mm 厚度的分层结构，其由致密堆积的水铝石所组成，上、下各有一厚度为 50~70μm 的云母层。此类云母呈不完整的片状，但片面较大者可达 40~50μm，如图 1-31 所示。

　　EDS 测试结果见表 1-6，两云母层的组成中 Al_2O_3、SiO_2 和 K_2O 的含量差异不大，但与钾云母相差很大，这是因为图 1-30 中的 Mica-1 和 Mica-2 两层带并非纯云母，而是夹杂了一些水铝石的缘故。另外，EDS 分析不能表征 H 元素；同时，云母的化学组成波动范围也较大。表 1-6 数据表明，测试 3 组钾云母的组成相当接近，EDS 谱图如图 1-31 谱图所示。中间的水铝石层很纯，不含些许云母。

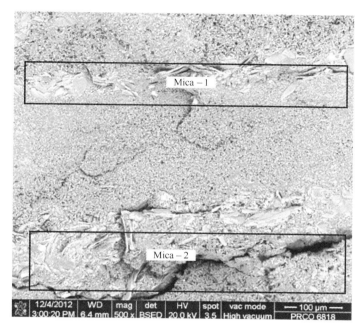

图 1-30　云母层带分布

表 1-6　分层带的化学组成（质量分数）　　　　　　　　（%）

区　域	化　学　组　成						
	Al_2O_3	SiO_2	K_2O	Na_2O	TiO_2	MgO	Fe_2O_3
Mica-1	56.6	28.2	6.0		5.1		4.2
Mica-2	54.6	28.5	5.2		8.0		3.8
白云母	36.2	52.2	8.6	0.7		0.9	1.4
	36.1	51.5	10.1		0.9		1.3
	38.6	50.8	9.6		1.0		
水铝石	91.0	3.3	0.0		3.4		2.4

　　结构疏松的区域更适合于晶体生长，如图 1-32 所示的水铝石晶体全部呈自形化形貌，因有空隙使得结晶面完整，晶界清晰。具有这样的结构特征的矿石难以进行致密化烧结。

　　高倍率下显示出云母的结晶完整的片状形貌如图 1-31 所示，一般尺寸在 10μm 左右。XRD 分析结果也证实云母的赋存，如图 1-33 所示，其中 10.075Å、5.007Å、4.488Å、3.345Å、2.386Å 等多条特征线都属于白云母（标准谱线 d 值为：9.95Å、3.32Å、2.37Å）。所以此类铝土矿确实属于 D-M 型，应该对现有研

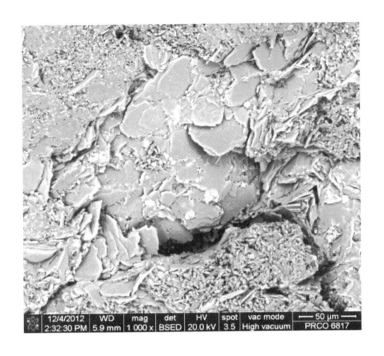

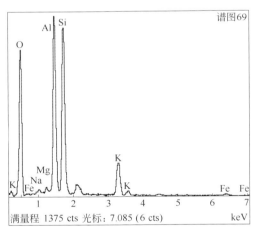

图 1-31   大片状云母及 EDS 谱图

究成果进行补充和更正，即贵州铝土矿有 D-K 和 D-M 两种类型。

　　而如图 1-34 所示则为水铝石与高岭石均匀分布的典型形貌，从图 1-35 中可以看出高岭石与云母共存。

　　高岭石（$Al_2Si_2O_5(OH)_4$）为细片状结晶，多呈现取向连生。相对于云母而

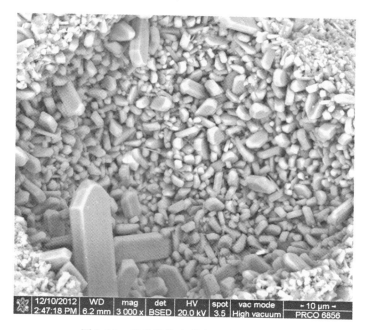

图1-32　疏松结构中的完整水铝石晶体

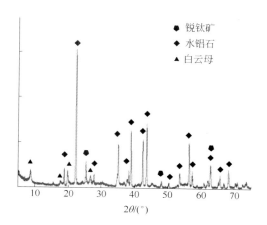

图1-33　XRD-1谱图

言，高岭石结晶较小，大多小于5μm，与水铝石均匀地混生在一起，如图1-34所示。EDS分析（图1-36）表明它很纯净，除Al、Si外测不出其他元素，铝硅的原子百分比Al/Si＝17.8/18.5，与其化学式的原子比相对应。对于Ⅱ级铝土矿

图 1-34 水铝石和高岭石均匀分布

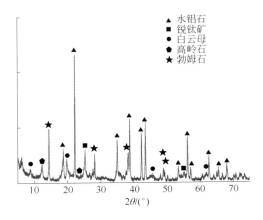

图 1-35 XRD-2 谱图

而言，高岭石和水铝石能如此均匀地共生，是 D-K 型原料最理想的结构类型，烧结后会完全的莫来石化并可获得致密化烧结。

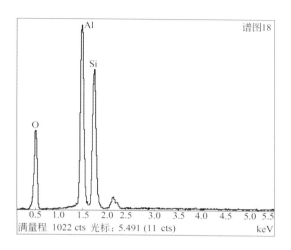

图 1-36　高岭石 EDS 谱图

贵州铝土矿中的 TiO_2 含量也较高，仅次于四川铝土矿，其 TiO_2 含量在 2%~4%（个别的更高）之间，TiO_2 可能以锐钛矿、板钛矿或金红石晶型存在，依 XRD 鉴定只能得出主相的综合结果，个别晶体的定性只能依据结晶形状判断。在含钛矿物中可见板、片状晶体，相当于板钛矿，但绝大部分的含钛矿物没有完整的晶形，呈弥散状微粒团聚，因此无法鉴别。其他微量伴生矿物可通过 EDS 分析确认的有：含铁矿物，锆英石，含硫、磷和碳等物质以及一些微量元素。

1.3.3　稀有元素的赋存状态

耐火界研究铝土矿的化学-矿物组成并不关注微量元素的赋存状态问题，而这些正是有色金属和稀土、贵金属行业研究的重点。在拜耳法制氧化铝的工艺流程中进行微量元素萃取，是经济实用的办法。文献［25，26］曾注意到铝土矿中微量元素的赋存和利用前景，指出贵州铝土矿中也含微量贵金属镓（Ga），因此矿业部门建立了萃取设施，获得了可观效益。

我们在研究贵州铝土矿显微结构的同时也发现了除常规的 Ti、Fe 类矿物以外的各种含微量元素的矿物和无定形物质，借助于 XRF 分析，发现了 P、S、Mn、Zr、Y、Sr 和 Ga 等元素。若能弄清楚这些元素以什么物相存在，则对萃取工艺来说无疑是有极其重要的参考价值。为此，可采用沿试验线逐点扫描的方法，在电镜下寻找异样结构，再通过 EDS 测定元素属性。检测过程中被发现的部分元素的数据见表 1-7，结果表明，表中所列元素的 Kα 特征线强度值无重叠，Lα 特征线强度值也可分辨。

表 1-7　微量元素的鉴别参数

元　素		S	W	Ce	Mn	Ba	Pb	Zr	Gd	Dy	Os	Ti	Fe	Co	P
原子序数		16	74	20	25	56	82	40	64	66	76	22	26	27	15
相对原子质量		32.064	183.85	140.12	54.938	137.3	207.19	91.22	157.25	162.50	190.2	47.90	55.847	58.933	30.974
主线 /keV	Kα	2.307			5.895			15.747	6.057	6.495	8.911	4.508	6.399	6.925	2.013
	Lα		8.397	4.840	0.637	4.466	10.551	2.0424				0.452	0.704	0.776	
密度 /g·cm⁻³		2.07	19.30	6.77	7.43	3.50	11.36	6.50	7.86	8.55	22.57	4.51	7.87	8.85	1.83

对比表 1-5 和表 1-7 可见，XRF 分析测出了 Y、Sr 和 Ga 三种元素；而 EDS 鉴定却没有发现，说明它们的赋存物没有形貌特征，在电镜下不宜被观察到或 EDS 分辨力不够。EDS 检测出钆（Gd）、镝（Dy）和锇（Os）等多种元素，是由于它们的共生体具有特征形貌，电镜易于识别，能谱也好测定，并不在于其数量多少。这些微量元素中，值得特别关注的是元素 Ga，XRF 测出其含量为 0.01% ~ 0.02%，含量可观，但在电镜下却没有发现其赋存状态，可能它赋存于主晶相水铝石中，无从鉴定；反之，Gd、Dy、Os 等没有被 XRF 检测出来的元素显然是含量极其微小，但它们赋存于有特征形貌的晶体中，易于被 EDS 检测发现。就是说，有些具有特定形貌的颗粒含有某种稀有元素；而有些没有特定形貌特征的微细结构也会赋存稀有元素，只能用多份 EDS 谱图来展示。

1.3.3.1　有结晶形貌的赋存元素

A　钛（Ti）、锆（Zr）

从化学分析结果可以看出该铝土矿中的钛含量颇高。通过显微分析总结出钛主要赋存于锐钛矿、金红石等矿物中，为稳定的难溶矿物，常随着母岩的风化而保留下来，并随黏土质与铝土质碎屑的搬运沉积而逐步富集。图 1-37 为 2000 倍率下拍摄到的电镜照片，其中 T 区域为金红石，颗粒尺寸较大，呈长块状，尺寸为 30 ~ 60μm，借助于 EDS 分析（图 1-37（a））给出颗粒中元素组成，表明其为纯净金红石。锆主要赋存于锆英石中，由于锆英石性质稳定，因此经过长年的沉积逐步富集成矿。图 1-37 中 Z 区域为锆英石颗粒，颗粒尺寸较大，形貌接近于四方状，尺寸为 30 ~ 60μm，EDS 分析（图 1-37（b））结果表明为较为纯净的锆英石颗粒。

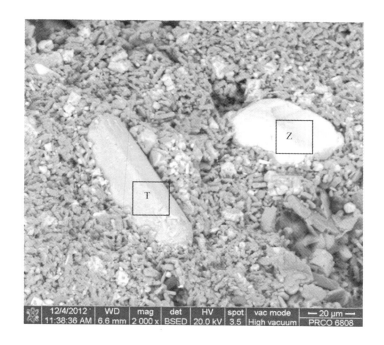

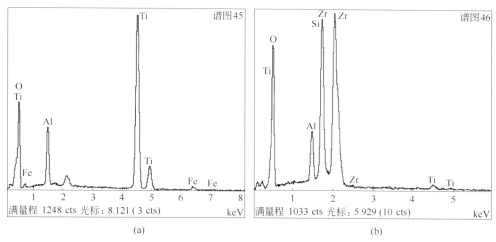

图1-37　铝土矿中钛、锆元素的赋存状态及EDS谱图

（a）金红石的EDS谱图（谱图45）；（b）锆英石的EDS谱图（谱图46）

B　锇（Os）、钆（Gd）、镝（Dy）

该铝土矿中还发现了很多稀有元素，通过扫描电镜观察到有一种富含磷的颗

粒无规则地分布在铝土矿中，粒径在 10 ~ 30μm 范围内，如图 1-38 所示。借助于 EDS 分析（谱图 531）得知颗粒中存在大量 Os 元素，同时还伴生有 Gd、Dy 等元素，只含有少量 Al 和 Si，由图 1-38 EDS 谱图可见，全分析结果（按氧化物的质量分数）为：Al_2O_3 3.0%，SiO_2 2.1%，P_2O_5 37.1%，OsO_2 33.7%，Gd_2O_3 13.4%，Dy_2O_3 9.6%。

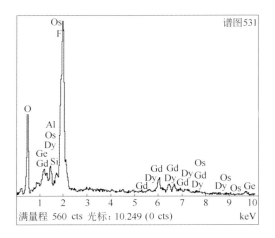

图 1-38   含有大量锇元素的颗粒及 EDS 谱图

C 锶（Sr）、铈（Ce）

如图 1-39 所示，在颗粒较细的水铝石区域存在着锶、铈等元素富集的区域（A 区域），EDS 分析结果如图 1-39 谱图所示。在 10000 倍放大倍率下，可以观察到这些元素形成纳米级细小微粒（如图 1-40 所示）。这些微粒经长时间的沉淀积累聚集在一起，呈现出较大面积的密集分布。

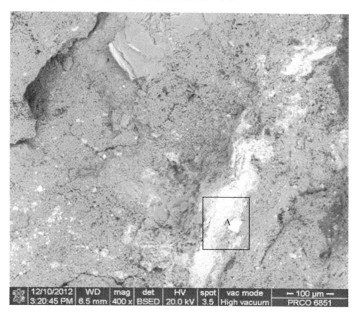

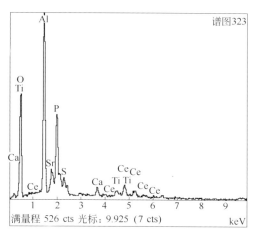

图 1-39 锶、铈元素富集区域形貌及 EDS 谱图

图 1-40　含锶、铈元素的微粒形貌

　　图 1-41 中一粒约 15 μm 的粗大颗粒即为以磷酸盐为主的晶体，有 Gd、Dy 和 Os 三种元素共生（见图 1-41 谱图），元素组成为：Al 5.9%，Si 1.0%，P 17.4%，Co 0.5%，Gd 0.3%，Dy 0.8%，Os 5.9%。

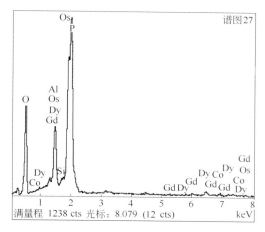

图 1-41   含 Os、Gd、Dy 的磷酸盐
及 EDS 谱图

图 1-42 中的多面体结晶为 TiO_2，经 XRD 分析确认为锐钛矿，晶体尺寸约 20μm，生长在结晶良好的水铝石丛中，EDS 分析表明结晶中不含其他元素（图 1-42 谱图）。而图 1-43 中的图像虽与图 1-42 中的锐钛矿结晶形貌完全不同，却也是 TiO_2，足见不同析晶环境中晶体形貌差别很大。且此类细碎的锐钛矿也不含任何微量元素，EDS 分析结果见图 1-43 中谱图。

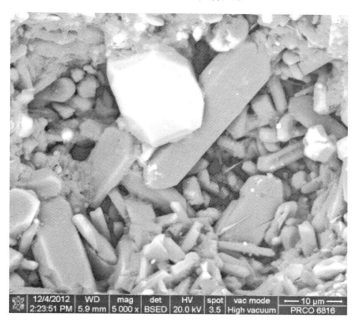

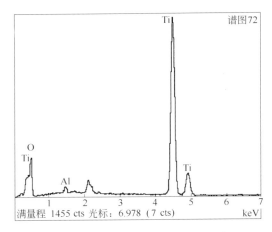

图 1-42 　多面体结晶 TiO_2 及 EDS 谱图

如图 1-44 所示为一细片状结晶构成的约 20μm 大小的团聚体，突显其结晶特征，EDS 测定显示晶体中含有 P、Os、Dy 三种元素，其 EDS 分析结果见图 1-44 谱图。主要成分（质量分数）为：P_2O_5 42.4%，OsO_2 42.6%，Gd_2O_3 5.6%，Dy_2O_3 8.0%。

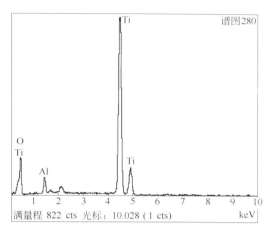

图 1-43　多面体结晶 TiO_2 及 EDS 谱图

　　锆英石在铝土矿中的赋存量不多，但多呈完整的结晶形态，极易被发现。如图 1-45 所示便是一簇锆英石晶体，晶体尺寸大多在 $1 \sim 2\mu m$ 范围内，晶体团聚在一起还便于测定其组成。由图 1-45 中的谱图给出的 Zr、Si 的原子百分比为 Zr/Si = 15. 9/16. 0，显示为标准的计量组成，此外在个别的 $ZrSiO_4$ 中也发现有共生 Sc 元素。

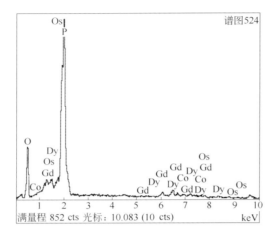

图 1-44　含 Os 和 Dy 的磷酸盐
及 EDS 谱图

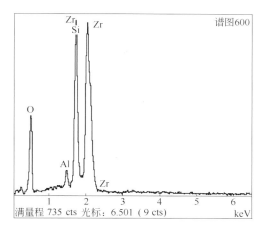

图 1-45　ZrSiO₄ 及 EDS 谱图

1.3.3.2　无晶体形貌的赋存体

试样中有些区域的图像显示出异样的灰度，意味着存在不同特征线强度的相，但没有确定的晶体形状，如图 1-46 所示的字符标识的区域出现稀有元素 W 和 Ce，其物源区大多有 P 共存，如图 1-46 谱图所示。图 1-47 中显示的无定形铁氧化物中不含稀有元素，其 EDS 分析结果见图 1-47 谱图。

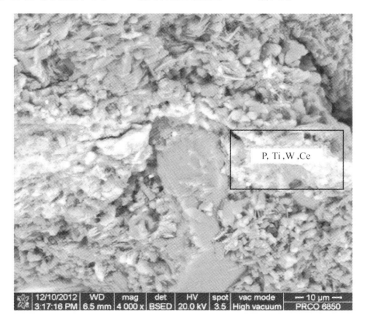

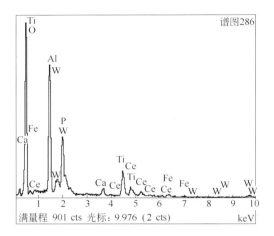

图 1-46　无定形物含 P、Ti、W 和 Ce 及
EDS 谱图

　　如图 1-48 ~ 图 1-52 所示为多份 EDS 谱图，都是局部区域的异样组成测试结果，即含有 Os、Gd、Dy、Ba、Nb、Ce 等元素的磷、硫化合物。

　　从以上的分析中可以得到一些规律：

　　（1）Gd、Dy、Os 三种元素共生且以 P 为载体；W、Ce 的物源区大多也有 P 共存。

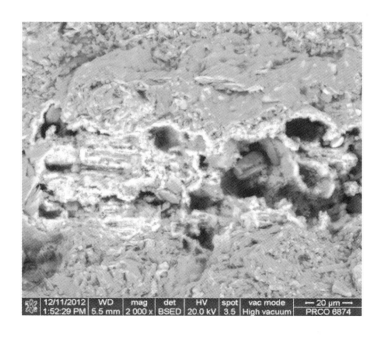

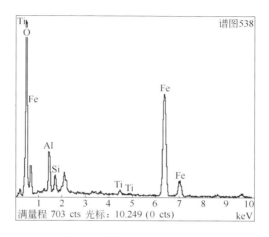

图 1-47　铁氧化物及 EDS 谱图

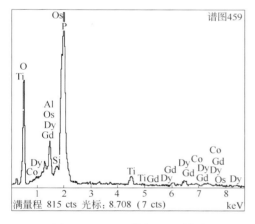

图 1-48　Os-P 共存 EDS 谱图

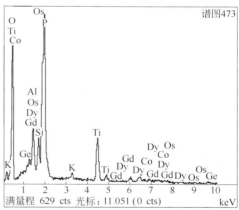

图 1-49　Os-P-Ti 共存 EDS 谱图

（2）锆英石和含铁矿物形貌明显，但无稀有元素共生。

（3）普遍存在的 TiO_2 各晶型不含稀有元素。

1.3.3.3　综合利用前景

A　锇（Os）

锇属铂系元素，是自然界中密度最高的单质，熔点 3045℃，沸点 5300℃ 以上，化学性质稳定，不但不溶于普通的酸，而且不溶于王水。锇在工业中主要用来制造超高硬度的耐磨耐侵蚀合金以及用作合成氨反应中的催化剂等。

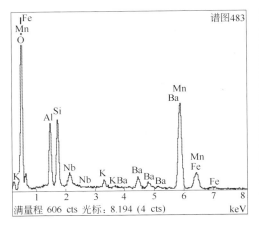

图 1-50　Mn-Ba 共存 EDS 谱图

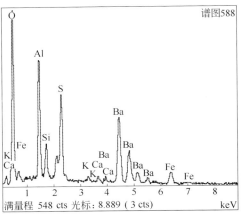

图 1-51　Ba-S 共存 EDS 谱图

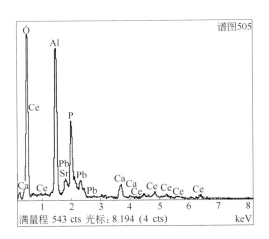

图 1-52　Sr-Ce-P 共存 EDS 谱图

B　钆（Gd）

钆为银白色金属，有延展性，熔点 1313℃，沸点 3266℃，其原子核外的 7 个轨道上每个轨道有 1 个电子，是稀土元素中不成对电子数最多的。由于这个不成对电子的磁力矩最大，可以期待这个特性能够被有效利用。

因其具有良好的超导电性能、高磁矩及室温居里点等特殊性能，所以常用作原子反应堆中吸收中子的材料，也可用于微波技术、彩色电视机的荧光粉。

C　镝（Dy）

镝为银白色金属，熔点 1412℃，沸点 2562℃，在接近绝对零度时有超导性。

镝在空气中相当稳定，但在高温下易被空气和水氧化，生成三氧化二镝。镝主要用于制造新型照明光源镝灯，还可作反应堆的控制材料；镝化合物在炼油工业中可作催化剂。

D 铈（Ce）

铈为灰色金属，有延展性，熔点799℃，沸点3426℃。铈作为玻璃添加剂，能吸收紫外线与红外线，现已被大量应用于制造汽车玻璃。目前铈正被应用到汽车尾气净化催化剂中，可有效防止大量汽车废气排到空气中，美国在这方面的消费量占稀土总消费量的三分之一。铈的合金耐高热，可以用来制造喷气推进器零件。硝酸铈可用来制造煤气灯上用的白热纱罩。

E 锶（Sr）

锶为银白色软金属，密度2.6g/cm³，熔点769℃，沸点1384℃。随着世界工业的不断发展，锶的使用领域也随之逐步扩大和变化。由于其有很强的吸收X射线辐射的能力和独特的物理化学性能，因而被广泛应用于电子、化工、冶金、军工、轻工、医药和光学等各个领域，还常被用于制造合金、光电管，以及分析化学、烟火等。

1.4 含明矾石的铝土矿（河南）

地质界对我国各地铝土矿的勘探研究广泛，研究报告众多，提出了各种成矿机制假说，但涉及伴生矿物的组成和晶体构造方面的研究并不多，有许多文章提到各种少量伴生矿物的名称[21,22]，但没有查到有关铝土矿与明矾石共生的资料。王庆飞等[21]在长篇综述文章中提到微量矿物中有明矾石一词，但缺乏鉴定依据。

明矾石是制取明矾和氧化铝的工业矿物。早在15世纪，人们在罗马北部便发现了明矾石；1797年，J. C. Delametherie将它命名为aluminilite；1824年，Francois Beudant将其更名为alunite（即明矾石），并一直沿用至今。此外还可查到的资料是1912年美国地质调查报告《Alunite》，这份长达64页的报告详尽记述了犹他州Marysvae附近的新矿床。

我国东南沿海地区有许多明矾石矿床，资源丰富，文献上有大量研究成矿机制的报道。

铝土矿中赋存明矾石是个别现象，与各自的成矿机制并无联系，当生成明矾石的关键三元素Al、K和S在铝土矿中存在时，就有局部生成明矾石的可能。如黄铁矿（pyrite），其主要成分FeS_2氧化生成的硫酸与长石或伊利石或云母反应，便可生成明矾石，这对评价铝土矿的工业应用价值有着重大意义。因为在很低的温度范围内（800～900℃），明矾石便分解完全，硫的氧化、燃烧会使铝土矿胀裂,而钾元素会形成低熔盐类或液相,这些都会显著影响高温性能。

我们在研究三门峡一新开采的铝土矿原料烧结时发现,有些原料在很低的温度范围便发生熔融或胀裂的现象。经 SEM-EDS 分析发现,这种现象与矿石中存在钾云母和明矾石有关[27]。对于铝土矿中存在伊利石和云母类含氧化钾、氧化钠的矿物,人们并不觉得新奇,但对于明矾石却不甚熟悉。所以,应该仔细研究明矾石的赋存状态和结晶现象,以弥补过去 60 年来对铝土矿研究的缺失,这不仅对合理开发利用铝土矿资源有参考价值,也具有一定学术意义。

1.4.1 化学组成

将从矿山分拣出的矿石切割成约 $100mm^3$ 的手标本,编号 1 号~10 号为铝土矿,编号 11 号~13 号为围岩(石灰岩)。从开采断裂面和切割面两方面观察手标本的颜色、坚硬度和致密度,10 个铝土矿样品都为浅灰色且质地坚硬,除 2 号样品可见均匀分布的、小于 5mm 的孔洞外,其余样品都很致密;4 个围岩样品颜色混杂,有的呈现晶体反射面。利用 XRF 分析仪所做化学分析结果见表 1-8。表中黑体数据为同一样块切割两部分,由两台同型仪器测试的结果,数据差异主要是矿石的组成不均匀所致。

表 1-8 铝土矿和围岩的化学组成(质量分数)　　　　　　　　　　(%)

样品编号	化 学 组 成										
	SiO_2	Al_2O_3	Fe_2O_3	TiO_2	CaO	MgO	K_2O	Na_2O	P_2O_5	SO_3	I. L.
1	11.22	67.22	1.04	4.14	0.20	0.70	1.82	0.07	0.27	0.23	12.68
	8.89	**71.62**	**1.34**	**2.96**	**0.12**	**0.12**	**1.38**	**0.10**			**13.03**
2	2.13	75.27	1.94	4.23	0.17	1.10	0.04	0.02	0.17	0.22	14.40
	1.59	**79.48**	**0.87**	**3.11**	**0.07**	**0.09**	**0.03**	**0.08**			**14.36**
3	7.10	72.27	0.64	3.33	0.13	0.37	1.16	0.10	0.13	0.20	13.63
	8.07	**73.84**	**0.60**	**2.58**	**0.08**	**0.01**	**1.35**	**0.06**			**13.15**
4	3.66	75.87	1.37	2.90	0.10	0.30	0.44	0.11	0.08	0.21	14.62
	2.93	**79.02**	**0.69**	**2.16**	**0.06**	**0.01**	**0.33**	**0.07**			**14.50**
5	4.98	75.82	0.67	2.33	0.13	0.15	0.66	0.13	0.11	0.19	14.64
	5.55	**75.78**	**1.24**	**2.17**	**0.09**	**0.01**	**0.47**	**0.05**			**14.39**
6	4.98	76.87	1.42	2.49	0.12	0.29	0.57	0.11	0.19	0.23	12.55
	3.79	**77.57**	**1.68**	**1.86**	**0.10**	**0.08**	**0.41**	**0.08**			**14.13**
7	4.33	74.74	1.36	3.40	0.13	0.26	0.54	0.12	0.23	0.22	14.33
	3.26	**78.29**	**0.89**	**2.29**	**0.09**	**0.02**	**0.40**	**0.06**			**14.34**
8	**5.69**	**75.94**	**0.96**	**2.37**	**0.10**	**0.10**	**0.83**	**0.10**			**13.62**

样品编号	化学组成										
	SiO₂	Al₂O₃	Fe₂O₃	TiO₂	CaO	MgO	K₂O	Na₂O	P₂O₅	SO₃	I. L.
9	17.77	61.47	1.83	3.11	0.21	0.48	2.78	0.11	0.20	0.26	11.61
	11.31	**69.73**	**1.84**	**2.28**	**0.24**	**0.14**	**1.81**	**0.11**			**12.17**
10	9.81	70.24	1.14	2.73	0.13	0.22	1.78	0.12	0.08	0.22	13.31
	7.80	**73.28**	**0.76**	**2.21**	**0.73**	**0.10**	**1.36**	**0.06**			**13.53**
11	23.45	42.94	2.65	2.02	8.91	0.48	1.01	0.23			17.70
12-1	10.90	5.13	1.41	0.26	43.98	0.84	0.38	0.18			36.62
12-2	3.70	73.83	1.92	1.50	2.33	0.06	0.41	0.06			15.95
13	10.54	26.79	2.39	1.16	29.14	0.52	0.39	0.12			28.52

由表1-8数据可见，10个铝土矿样品的 Al_2O_3 含量除1号和9号样品外，均在70%以上，其中2号、4号、5号、6号和7号样品的 Al_2O_3 含量都大于75%，属于特级原料，与其相应的灼减量都大于14%，相当于水铝石的组成。从2号样品的 K_2O 和 Na_2O 总含量小于0.1%来看，样品中含云母类矿物很少，属最佳原料；而像1号、3号、8号、9号和10号样品这5种铝土矿的氧化钾、氧化钠含量很高，不适合用作耐火材料，而适用于炼铝工业（生产工业氧化铝）。中国铝土矿的一大特点为氧化铁含量较低而氧化钛含量较高，氧化铁在矿石中的分布没有任何规律；而氧化钛尽管赋存状态不均匀，但总体上与 Al_2O_3（水铝石）含量呈正相关性。但从这10个样品来看，TiO_2 含量也无规律性，从一个方面显示出成矿条件不稳定，使含钛矿物分布不均。所有样品都被检测出含有一定量的S和P，这表示有机质和相应化合物的存在，是铝土矿的正常组分。此外样品中 SO_3 的含量竟高达0.2%以上，这值得特别关注。

11号～13号围岩样品的CaO含量达9%～44%，灼减量相应为17%～36%，显然主要组分是 $CaCO_3$。12号样品宏观特征明显地表现为灰白色（12-1）和深褐色（12-2）两部分，分别是石灰石（$CaCO_3$）和铝土矿，表示两者是共生结构，在其他地区铝土矿中也常见有石灰岩侵入和覆盖铝土矿岩层的现象。我国北方铝土矿成矿机制明显为喀斯特型，本地区原料的组成和结构即为最佳例证。

测试样品中的微量元素见表1-9，可将其作为寻找相应矿物的赋存形态时的依据，所测数据也可供贵金属系统萃取稀有元素时参考。

1.4.2　明矾石的结晶形貌

由 Al_2O_3 的含量可以表征水铝石，由 K_2O 的含量表征钾云母和明矾石的含量，可将10个样品划分为3类：纯水铝石质、水铝石-明矾石质和水铝石-高岭

表1-9　稀有元素组成（质量分数）　　　　　　　　　（%）

样品编号	化 学 组 成							
	MnO	ZrO₂	SrO	Ga₂O₃	Cr₂O₃	Nb₂O₅	ZnO	PbO
1	0.01	0.16	0.14	0.01	0.08			
2	0.03	0.15	0.08	0.02	0.11			
3	0.01	0.11	0.05	0.02	0.75			
4	0.06	0.12	0.03	0.01			0.01	0.01
5	0.01	0.10	0.06				0.02	
6		0.08	0.07					0.04
7	0.01	0.13	0.08	0.02	0.07		0.01	
9		0.10	0.07					
10		0.09				0.01		

石-明矾石质。每一类型中都可能存在或多或少的钾云母（Muscovite）。钾云母也称云母或普通云母；其他类型云母如黑云母、金云母、锂云母等都必须写全称（如只写"云母"一词，即为钾云母，下同）。

A　单矿物水铝石质

2号样品由肉眼可见密布孔洞，孔洞直径基本上都小于5mm，质地疏松。在河北、山西等地都常见此类矿，过去多被遗弃，因为其烧结以后会变得愈加疏松、多孔。然而，经显微镜下观察发现，此类矿石中的水铝石结晶完整、尺寸很大（达50~100μm）。河北矿也发现过有如此粗大的晶体，可用于测定光轴角（$2V > 80°$）。

2号样品在SEM下观察呈多鲕体结构，其中的水铝石晶体呈多边柱状，一般尺寸达20~30μm，如图1-53所示；而基质部分的水铝石晶体大多小于5μm。4号样品与之相似，均为很纯净的矿，即由单一水铝石组成。图1-54显示粗大晶体的松散结构，晶体尺寸多在20~30μm的范围内，而个别晶体最大可达50~60μm。

B　水铝石-明矾石-云母质

5号、6号、7号和8号样品的化学组成相近，其Al₂O₃含量都在75%左右，但含较多的K₂O，含量在0.7%~0.8%之间。从矿物组成上看，4个样品在水铝石晶间都存在云母和明矾石。图1-55所示为6号样品中的水铝石结构，清晰可见晶体生长分布不均，存在粗晶质鲕体；而图1-56所示为5号样品中局部的片状云母和粒状明矾石均匀赋存的形貌特征。7号样品中的水铝石细腻、均匀，大多不具有完整的晶形，如图1-57所示，需在10000倍率下方可鉴别。8号样品与7号样品相似，水铝石晶体微细，但可见局部区域有明矾石富集区，如图1-58所

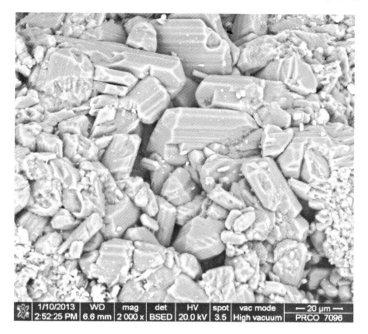

图 1-53　鲕体中结晶完整的水铝石

图 1-54　粗晶水铝石的松散结构

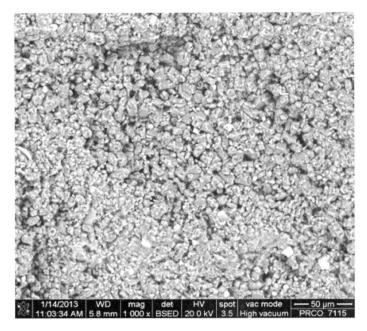

图 1-55 全水铝石结构

图 1-56 钾云母和明矾石的均匀分布

示，图中右部的似立方体结晶即为明矾石富集区。

图 1-57　微细的水铝石

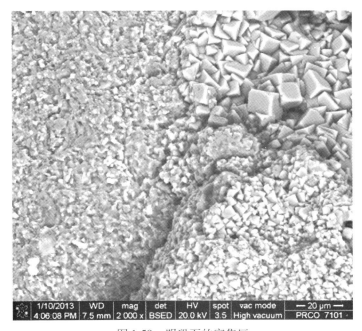

图 1-58　明矾石的富集区

8 号样品中的氧化铁球如图 1-59 所示，但其对应的原料中的 Fe_2O_3 总含量不过 1%，并不是所检测样品中最多的，可见含铁矿物的赋存毫无规律，有些局部区域可见似立方体状的硫酸铁，如图 1-60 所示，组成分析结果见图 1-60 谱图。

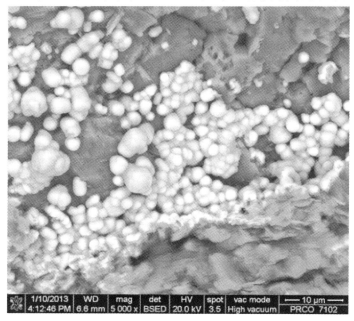

图 1-59   球状氧化铁

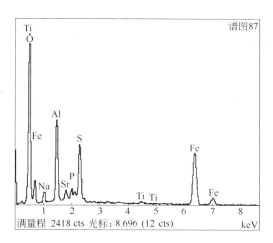

图 1-60　铁硫化合物的立方体形貌及硫酸铁 EDS 谱图

C　水铝石-高岭石-明矾石-云母质

1 号、3 号、9 号和 10 号样品是 Al_2O_3 含量低而 K_2O 含量较高的 4 类矿石，它们都具有水铝石、高岭石、云母和明矾石共生的复杂组合。如图 1-61 所示的立方体为明矾石的典型结晶形状，晶体尺寸多在 5μm 以下；而图 1-62 显示其中

图 1-61　明矾石结晶

夹杂的微片状云母。图 1-61 和图 1-62 拍摄自 1 号试样。

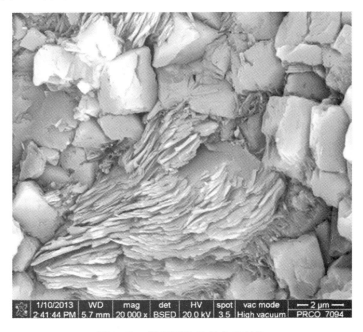

图 1-62   明矾石和云母共生结构

明矾石的特征元素是 S，典型的化学组成如图 1-63 中谱图所示（EDS 分析不能测 H 元素，下同），3 号样品中的云母和明矾石均匀分布，图 1-64 所示预示

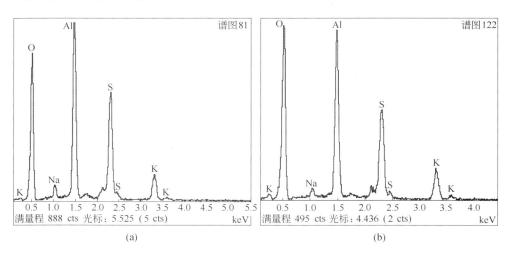

图 1-63   明矾石 EDS 谱图

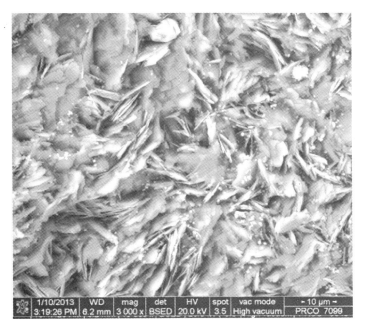

图1-64   云母和明矾石均匀分布

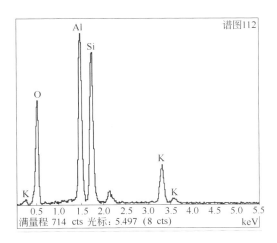

图1-65   云母 EDS 谱图

着明矾石化的反应行为。云母的组成如图1-65（Al$_2$O$_3$ 37.9%，SiO$_2$ 51.9%，K$_2$O 10.2%）所示；而明矾石的组成如图1-63（a）（Al$_2$O$_3$ 43.4%，SO$_3$ 46.3%，K$_2$O 7.0%，Na$_2$O 3.4%）和图1-63（b）（Al$_2$O$_3$ 44.4%，SO$_3$ 44.6%，K$_2$O

8.8%，Na$_2$O 2.3%）所示。结果显示，云母和明矾石都含有一定量 Na$_2$O，形成完全固溶体，与理论计算组成（Al$_2$O$_3$ 42.52%，SO$_3$ 44.46%，K$_2$O 13.08%）的主要差异只是 K$_2$O 和 Na$_2$O 的总量稍低，说明利用 EDS 分析明矾石的组成相当可靠。高岭石的组成如图 1-66（Al$_2$O$_3$ 42.7%，SiO$_2$ 57.3%）所示。3 号样品中氧化铁含量很低，不高于 0.6%，但可见局部出现球状铁球，如图 1-67 所示。

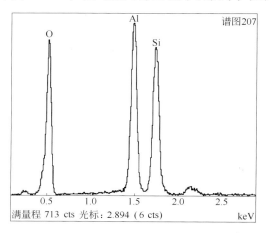

图 1-66　高岭石 EDS 谱图

图 1-67　铁氧化物的球团状形貌

9 号样品是杂质含量多的矿石，主矿物为水铝石和高岭石。图 1-68 所示为粗大的水铝石晶体分散在高岭石基质中的共生状态。化学分析结果显示，R_2O 含量高达 1.9% ~ 2.9% 且灼减量低，这意味着组成矿物中应存在显量的云母。图 1-69 所示为高岭石和云母共生的显微结构，两矿物都有片状结晶的习性，混在一起很难区分。只能借助于 EDS 逐点测试予以分辨，如图 1-66 谱图所示即为高岭石的典型组成。

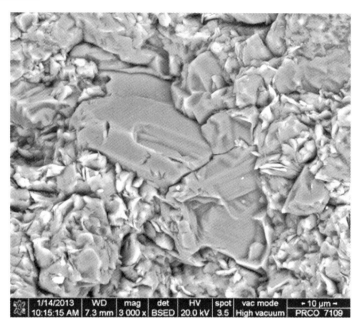

图 1-68　水铝石与高岭石混生的结构

如图 1-61 所示的明矾石的晶体形貌酷似立方体，与三方（六方）晶系的晶体形貌不符；但据资料"2001—2005 Mineral Data Pubishing, version 1"称，在 15 ~ 400℃的温度范围内，硫酸对含铝矿石作用生成明矾石，晶体为假立方形，同时伴随着高岭石化。

1.4.3　稀有元素的赋存形态

Mn、Zr、Sr、Ga、Cr、Nb、Zn、Pb 等元素在铝土矿中皆属稀有元素，有的为贵金属（如 Sr、Ga、Nb），通过化学分析可以确认其存在。有些研究者认为它们附在水铝石晶体表面，而不以矿物形式存在；但笔者在研究贵州铝土矿的稀有元素赋存形式时发现，许多稀有元素都与磷共生并形成特征性晶体。在三门峡铝土矿中除了 Zr 以 $ZrSiO_4$ 晶体存在外，确实很难寻找到稀有元素矿物。不过，在

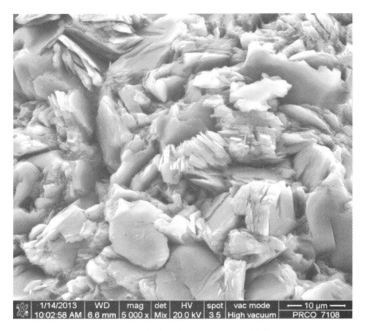

图 1-69　高岭石与云母混生的结构

2 号样品中发现了元素 Sr 与 P、Al 共生，形成完整的立方体结晶，如图 1-70 所示，其 EDS 谱图见图 1-70 谱图。

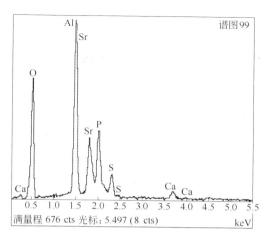

图 1-70 元素 Sr 的晶体及 EDS 谱图

1.4.4 围岩的矿物组成

早年研究铝土矿烧结料发现有白色熔融物,俗称"钙洞",其中有片状 CA_6 结晶,同时也发现矿石的裂隙中有白色碳酸钙沉积,但没有仔细观察其结晶状态。

此次研究特意选取了 3 块围岩样品做了细致的鉴定,基本上是碳酸钙,其中 12 号样品刚好是铝土矿和围岩的交界处,如图 1-71 所示;而图 1-72 所示却是水

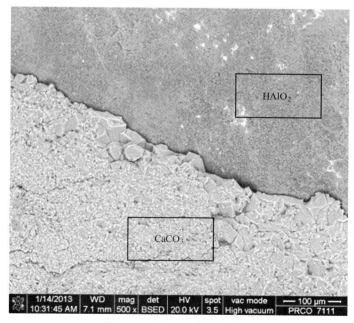

图 1-71 水铝石-碳酸钙交界

铝石基质中分散的 $CaCO_3$ 鲕体，为常见的特征结构。图 1-73 所示为方解石的粗大自形晶体；而图 1-74 所示为方解石的解理面，其 EDS 图谱见图 1-74 谱图。

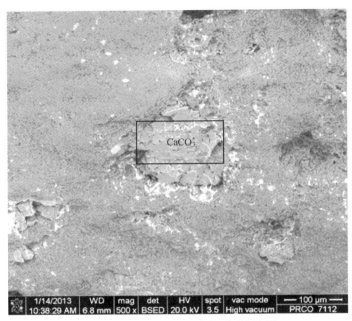

图 1-72　水铝石基质包裹的碳酸钙鲕体

图 1-73　方解石粗大晶体

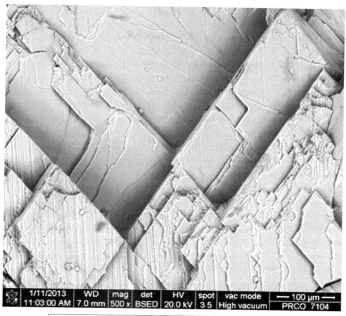

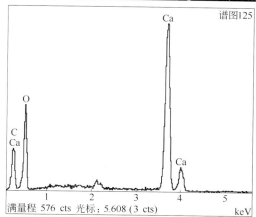

图 1-74　方解石的解理面及 $CaCO_3$ 的
EDS 谱图

1.5　B-K 和 D-(I-M) 型（湖南）

　　湖南 A 矿区铝土矿为 B-K 型，而 B 矿区与 A 矿区截然不同，几乎全为水铝石型，夹杂少量的伊利石和云母。有些矿包含两种类型的原料，有待仔细研究其矿物组成和烧结行为，以弥补早年的缺失。

1959 年，吕枚等[28]称在湘西发现了铝土矿，对矿床特征进行了总结，并从地质学角度说明湘西存在铝土矿的合理性。

湘西发现的铝土矿可分为 3 个区域，湘西的北区包括保靖、花垣、龙山、永顺、桑植、大庸、慈利；湘西的中区包括沅陵、泸溪；湘西的南区包括怀化、靖县。

目前，湖南省只有泸溪李家田一带的铝土矿床最具有经济意义[29]。有报告显示，李家田铝土矿床位于湖南省泸溪县西南 8.5km 处，是迄今为止湖南境内唯一探明的中性铝土矿床，资源量达 700 万吨。电子显微镜鉴定、X 粉晶照相分析和岩矿鉴定等多种方法的测试结果显示，含铝矿物以一水硬铝石最多，其次为一水软铝石、水云母，以及少量高岭石，含铁矿物以赤铁矿、褐铁矿、鲕绿泥石居多，只有少量黄铁矿、针铁矿；碎屑矿物有金红石、锐钛矿、电气石、锆石、石英等[30]。湖南铝土矿的特点是与黄铁矿共生，报告中只涉及勘探方面的内容，不包含岩石组成的矿物学检测内容。

20 世纪 90 年代，湖南辰溪地区开发铝土矿资源，武汉科技大学与地方企业合作研制合成烧结莫来石原料，称之为"全天然莫来石"，后更正为"全天然料合成莫来石"，由于其性价比符合钢铁工业要求，一度受到市场青睐。当时对于原料的矿物组成、岩石结构和合成莫来石的显微结构等方面的研究，没有得到足够的重视，没有留下可供参考的科学信息。

1.5.1　A 矿区 B-K 型

1.5.1.1　化学组成

最近，我们从湖南 A、B 两矿区采到两种宏观结构截然不同的手标本。其中 A 区样品宏观特征呈深褐色，结构致密，质地坚硬且层理平滑，将其划分为 3 类做化学分析，分析结果见表 1-10。样品依 Al_2O_3 含量划分基本上属于Ⅲ级料，高于高岭石（迪开石）的组成，即含有数量不等的铝矿物；若从灼减量来看就比较复杂，除结构水外还包括硫、磷酸盐的分解。如 A-1 号样品的 I.L. 为 16.14%，大于高岭石和水铝石的结构水当量值，可能含有其他含水矿物或硫、磷酸盐，需要由矿物组成鉴定来加以确认。

表 1-10　湖南铝土矿的化学组成（质量分数）　　　　　　（%）

样品编号	化学组成											
	SiO_2	Al_2O_3	Fe_2O_3	TiO_2	CaO	MgO	K_2O	Na_2O	P_2O_5	SO_3	ZrO_2	I.L.
A-1	18.94	55.72	7.32	0.83	0.07	0.23	0.05	0.08	0.02	0.52	0.07	16.14
A-2	39.53	43.51	0.42	1.05	0.06	0.19	0.02	0.10	0.01	0.45	0.08	14.58

样品编号	化 学 组 成											
	SiO₂	Al₂O₃	Fe₂O₃	TiO₂	CaO	MgO	K₂O	Na₂O	P₂O₅	SO₃	ZrO₂	I. L.
A-3	32.77	50.82	0.17	0.68	0.10	0.33	0.03	0.09	0.01	0.46	0.06	14.48
B-1	2.83	78.19	0.52	2.49	0.06	0.39	0.44	0.08	0.09	0.21	0.12	14.49
B-2	3.68	74.36	3.62	2.51	0.07	0.22	0.65	0.10	0.17	0.22	0.09	14.25

A 矿区原料杂质中除 Fe_2O_3 含量在 A-1 样品中很高外，其他所有杂质的含量均较少，特别是 K_2O 和 Na_2O 的总含量在 0.1% 数量级，用于耐火材料生产是很合适的。Fe_2O_3 含量高是湖南铝土矿与黄铁矿、Pyrite、FeS_2 共生的表征，因此，灼减量也高达 16.14%，显然也与其相关。不过，只有靠近铁矿的原料含铁量高，这部分原料可用于熔融磨料级棕刚玉，也适合生产某些耐火材料品种，具有一定价值（参见第 5 章）。A-2 号、A-3 号原料适于制备莫来石-玻璃相熟料，国外商业名称为"莫来凯特"（Monochite）。

1.5.1.2   矿物组成

取 A-3 号较纯净的样品做 XRD 分析，目的是尽量减少杂质矿物的干扰以确认是否存在水铝石，结果显示主要矿物是勃姆石和高岭石，可鉴定出的少量伴生矿物是锐钛矿，谱线如图 1-75 所示。

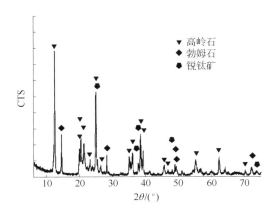

图 1-75   B-K 型铝土矿的 XRD 谱图

勃姆石的化学式和相对分子量与水铝石一样，化学式为 AlO(OH)，$M = 59.99$，也同为斜方晶系。但晶胞体积比水铝石大一些（勃姆石为 127.75Å³，水铝石为 117.81Å³），这就表明，它的理论密度较小（勃姆石为 3.07g/cm³，水铝石为 3.38g/cm³）。

　　两矿物的某些性质具有特征性，如利用 XRD 分析可分辨出勃姆石的 6.11Å 最强线，很容易与水铝石区分。当晶体很大时，可凭借折射率和双折射率加以区别：勃姆石折射率为 1.661～1.646，Ng－Np＝0.015；水铝石折射率为 1.752～1.700，Ng－Np＝0.052。但两者的光轴角都大于 80°。20 世纪 50 年代，笔者曾在河北铝土矿中观察到 50～100μm 的粗大水铝石，测出其光轴角接近 90°，光性为（＋）。

　　勃姆石的 100% 衍射峰 6.11Å 是最有特征性的，另两条次强线 3.164Å 和 2.346Å 也易与水铝石区别，经仔细搜索 XRD 谱线未发现有水铝石共生。在扫描电镜下观察晶体形状呈粒状，较大的晶体尺寸为 1～2μm，如图 1-76 和图 1-77 所示。图 1-76 中存在与片状高岭石均匀分布的勃姆石晶体，但绝大部分勃姆石是纳米级的微粒，如图 1-78 所示。高岭石晶体均生长为完整的晶体，具有典型的组成（见图 1-79）；不同粒度的勃姆石也具有相同计量的组成（见图 1-80 和图 1-81）。

图 1-76　片状高岭石晶间有勃姆石

　　Chesworth[31] 引述文献指出，关于地壳表面风化层的铝矿物三水铝石和勃姆石的稳定性问题，有两种观点：一种观点是：在低温下三水铝石是稳定型；另一种观点是：稳定性由弱到强的顺序为：非晶态氧化铝＜三水铝石＜勃姆石＜水铝石。就是说，从 Al_2O_3-H_2O 系相平衡和热力学计算出发，通过实验室检验，认为

图 1-77　页片状高岭石

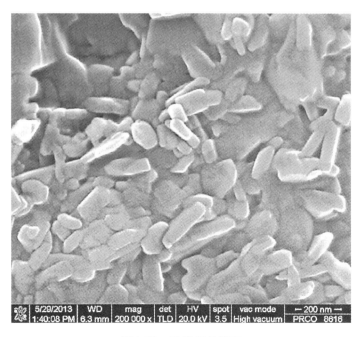

图 1-78　纳米级勃姆石

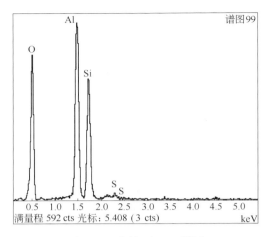

图 1-79 高岭石 EDS 谱图

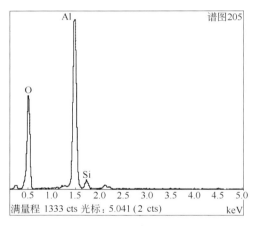

图 1-80 微晶勃姆石 EDS 谱图

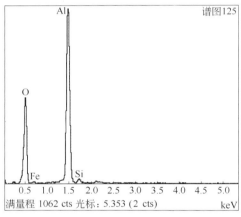

图 1-81 纳米级勃姆石 EDS 谱图

在地表富水的条件下，三水铝石比勃姆石更稳定；但在某些微环境内，三水铝石和勃姆石可以共存。实际的地质条件不是 $Al_2O_3\text{-}H_2O$ 系相平衡和热力学计算所能表征的。中国铝土矿的矿物组合多样性更是表明：水铝石是最稳定的。

1.5.1.3 黄铁矿的结晶和氧化

含铁量很高的矿石中有均匀分布的立方体黄铁矿，俗称"愚人金"，意指其形态和颜色酷似自然金，由图 1-82 清晰可见其完整的晶体尺寸可达 $100\mu m$，EDS 分析结果见图 1-83 谱图。而有些晶体却显示出溶蚀、分解的现象，如图 1-83 所示。

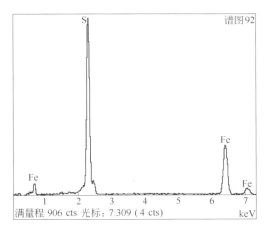

图 1-82   立方体黄铁矿及 FeS_2 的 EDS 谱图

与图 1-83 表现黄铁矿部分氧化生成硫酸铁的现象相对，图 1-84 所示的却是 FeS_2 几乎氧化完全并开裂成 $3 \sim 5 \mu m$ 大小的 $Fe_2(SO_4)_3$ 的结晶形貌特征，图中只可见少量的残存黄铁矿为更细微的（白色）微米颗粒。从 EDS 谱图对比中可以明显发现，图 1-84 的谱图中的 $Fe_2(SO_4)_3$ 与图 1-82 谱图中的 FeS_2 相比具有很高的 O 峰。

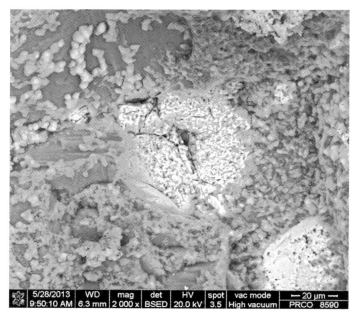

图 1-83　部分氧化的黄铁矿

根据文献资料，在自然条件下黄铁矿的氧化行为表征为：

$$2FeS_2 + 7O_2 + 2H_2O \longrightarrow 2Fe^{2+} + 4SO_4^{2-} + 4H^+$$

$$4Fe^{2+} + O_2 + 4H^+ \longrightarrow Fe^{3+} + 2H_2O$$

在矿物学中称黄铁矿的氧化产物为褐铁矿（limonite），化学式为"$FeO(OH) \cdot nH_2O$"，是个组成不定的含水氧化铁矿物。教科书中讲述的黄铁矿氧化为褐铁矿的相变过程，也被描述为"黄铁矿假象"，称后者仍保持黄铁矿的结晶形状。但从图 1-83 中的图像细节可发现黄铁矿的结晶形貌已完全破坏，通过 EDS 分析可以证明黄铁矿与氧化反应产物之间的组成差异：图 1-82 中立方体 FeS_2 的成分分析（见图 1-82 谱图）只显示存在 S 和 Fe 两种元素；而图 1-83 中溶蚀的颗粒和分散的细小晶体的成分分析（见图 1-84 谱图）却显示存在 O、Fe 和 S 三种元素，应为铁的硫酸盐。这就不符合教科书中所谓黄铁矿氧化成为褐铁矿的说法，当然，科学实验不能完全受传统理论的束缚。本研究结果表明，在铝土矿中夹杂的黄铁矿的氧化行为是显微尺度的局部反应，无需套用上述宏观尺度的地质成矿原理来解释。在扫描电镜较高的放大倍率下观察结构细节并佐以 EDS 分析，对确认黄铁矿的氧化行为，非常的方便、可靠。

从铝土矿的组成和结构的特殊性考虑，研究黄铁矿的氧化产物对原料的工业利用具有重要意义；至于黄铁矿的氧化产物是否一定为褐铁矿，或说褐铁矿的成

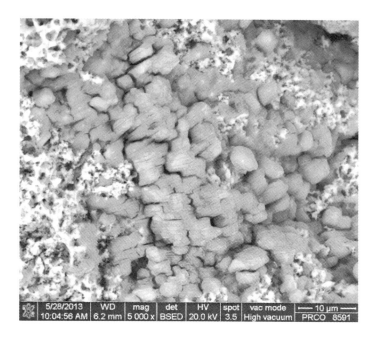

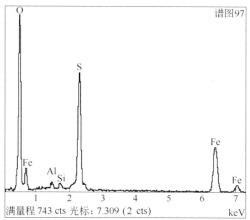

图 1-84　$Fe_2(SO_4)_3$ 及 EDS 谱图

矿一定是黄铁矿氧化的结果，是地质学界研究的问题。本研究结果表征出了黄铁矿氧化为硫酸铁的真实现象，经过地质年代的变迁，这些氧化成的硫酸铁还会继续溶解于水，以溶液状态沿岩石层理和缝隙迁移到其他部位，待水分蒸发后再结晶成硫酸铁；另一方面，硫酸溶液中的 SO_4^{2-} 还会与白云母或伊利石反应，生成明矾石。

将此现象联系到三门峡铝土矿中存在明矾石的现象，真是绝妙的例证：如果在 1 号样品中同时存在白云母的话，被 SO_4^{2-} 溶解，就创造了结晶出明矾石的条件，这可以很好的解释明矾石的生成机制。

1.5.2　B 矿区 D-M 型

B 矿区标本宏观特征与 A 矿区样品截然不同，呈灰米色，质地坚硬，结构致密，层理欠完整，可见有铁质溶液侵入并形成赤褐色薄膜状沉积，断口似土状粉末附着，普遍存在鲕体结构，矿物组成各异。

样品化学分析结果见表 1-10，单从 Al_2O_3 含量看，两种样品均属于特级料，但含有较多的 K_2O 和 Na_2O，含量分别达到 0.52% 和 0.75%。B-1 样品的 Al_2O_3 含量高达 78.10%，灼减量为 14.49%，相当于一水铝石和高岭石的当量。B-2 样品的 Al_2O_3 含量相对较低（74.36%），是因为其中含有 3.62% 的氧化铁。

B 矿区样品的宏观特征与山西、河南的部分全水铝石质矿石相似，其中 B-1 样品更显均匀、致密，B-2 样品则包裹有鲕体。XRD 分析结果清晰显示主矿物为水铝石，少量矿物为锐钛矿，也显示出了 10Å 的衍射峰，对应于伊利石或云母的特征线，如图 1-85 所示。两样品为同一矿区原料仅依据其宏观特征加以区分，这标志着矿石结构的不均匀性。

这里需要特别说明的是钾云母与伊利石之间的区别问题。钾云母（muscovite），化学式为 $KAl_2[Si_3AlO_{10}](OH，F)_2$，泛称白云母或云母，其主要组成（质量分数）为：$SiO_2$ 44%～50%，Al_2O_3 20%～23%，K_2O 9%～11%，含结构水不超过 4%。钾云母结晶程度高，晶体呈薄片状，XRD 分析的 3 条主线为 3.32Å、9.95Å、2.37Å。伊利石（illite），化学式为 $(KH_3O)(Al，Mg，Fe)_2(Si，Al)_4，O_{10}[(OH)_2(H_2O)]$，$K_2O$ 含量较低，仅在 7% 左右，含结构水和物理水却高达 12%，SiO_2 含量较多而 Al_2O_3 含量较少，而且没有确定组成。伊利石是云母风化为蒙脱石或高岭石的过渡产物，结晶度较低，是黏土矿物，基本上没有确定的组成。XRD 分析的 3 条主线为 10.01Å、3.33Å、2.55Å 特征线，对于单矿物来说可借助于 XRD 分析与云母区分开；但当只存在少量矿物时，便不易分辨。

Gaudette 等[32]曾对世界各地的含伊利石黏土矿物做过系统的对比研究，追溯了 1965 年以前各国研究者的成果，主要是利用了 XRD 的研究方法。指出各研究共同的认识是：伊利石并非是特定的矿物名称，而是泛指黏土矿物，因此不宜称为云母和水云母，它与化学组成不同的、结晶完好的云母难以区分，是具有 10Å 面间距的复合层构造类矿物。化学组成差别很大的或经化学-热处理的各类伊利石的（001）特征线不变，都为 10Å 左右；而结晶完善的白云母也具有 10Å

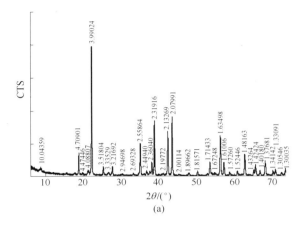

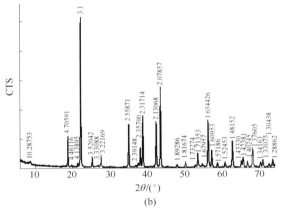

图 1-85 B-1 和 B-2 样品的 XRD 谱图

（a）B-1 样品；（b）B-2 样品

特征线，因此，要以伊利石的（003）3.3Å 特征线与白云母的 4.43Å、2.56Å、3.66Å 特征线加以区分。Srodon[33] 同样以 XRD 法鉴定伊利石与蒙脱石，后者除同属 10Å 族矿物外，尚有 17Å 特征线，可加以区分。

经典理论认为伊利石是云母的风化产物。而此变化是一个过程，当处于某过渡阶段时，蚀变产物的结晶度会受到抑制，反映在晶面间距上会产生偏差，给 XRD 鉴定带来困难。当年[20] 确认河南部分矿体为 D-I 型，主要是依据样品的化学分析和 XRD 鉴定结果，XRD 谱线清晰地显示出了 10.01Å、3.33Å 和 2.55Å 特征线。用 XRD、SEM 和 EDS 分析贵州的铝土矿，指出矿石中存在云母，其结果被证实确凿无误。

　　但在湖南 B-1 和 B-2 两样品的 XRD 谱线（见图 1-85）中由于 10Å 特征线峰值太低，因此不好分辨是否存在伊利石或白云母；但在 FESEM 鉴定中，观察到 B-2 样品的鲕体中有结晶完整的片状晶体，应为云母的特征形貌。

　　在 FESEM 下观察发现，水铝石分为两种结晶形态：其中一种为亚微米-纳米粒级的不规则微粒的密集区，如图 1-86 所示即为 50000 倍率下拍摄的尺寸小于 100nm 的粒状晶体，经 EDS 测试取样点（约 2μm 区域）的氧、铝原子百分比显示为 1，证实样品为 AH，见图 1-87；另一种水铝石为微米级、呈柱状和板状的晶体，结晶发育完整，尺寸多在 10μm 以下，如图 1-88 所示，与其他 D-K 型铝土矿中的水铝石相似。

图 1-86　亚微米-纳米粒级的水铝石

　　B-1 样品的 SiO_2 含量只有 2.83%，意味着硅酸盐矿物不多，XRD 分析未显示出存在高岭石。

　　B-2 样品为鲕体结构，其中多为疏松结构，由粗大的、晶形完整的水铝石构成，这是因为有充足的空间，晶体可发育成具有聚形特点的自形晶，其中较大的晶体可达 5～10μm，如图 1-89 所示。图 1-89 的放大倍率为 10000 倍，显示出的晶体形貌清晰、规整，实则与图 1-88（3000 倍）所示的晶体尺寸相当。有些鲕体中夹杂或多或少的微细的片状云母晶体，还有少量毫米级鲕体的多晶结构

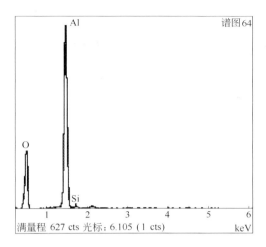

图 1-87   AH 的 EDS 谱图

图 1-88   结晶完整的水铝石

（见图 1-90），由小于 20μm 的结晶完整的 TiO_2 构成，EDS 分析结果见图 1-90 的谱图。依据晶体形貌为多面体粒状、假八面体以及 XRD 鉴定结果判断，图 1-90 中的晶体似为锐钛矿；而结晶中夹杂云母的图像，如图 1-91 所示。

图 1-89　晶体形貌规整的水铝石

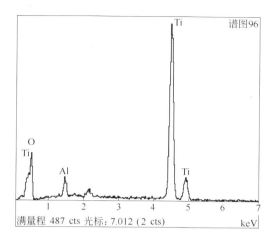

图 1-90 结晶完整的锐钛矿及 TiO₂ 的 EDS 谱图

矿石的层理间有褐红色的沉积物，典型的八面体、不规则粒状和浑圆球状等不同形貌结晶均为铁氧化物，如图 1-92 所示；其中八面体应为磁铁矿，EDS 谱图见图 1-93。图中显示较大的八面体为 $5 \sim 6 \mu m$，大多发育成完整的正三角形（111）面；个别晶体只存在部分的残缺（111）面，晶内空虚，这是晶体生长过

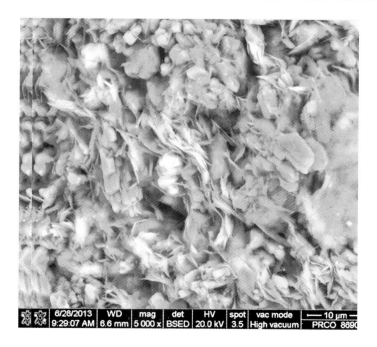

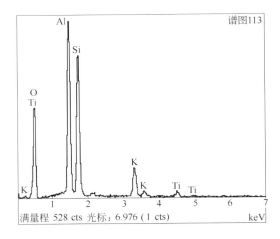

图 1-91 细微片状云母及 EDS 谱图

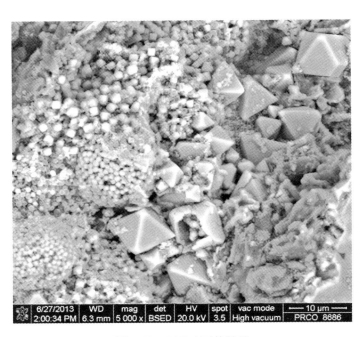

图 1-92 F'F 八面体结晶

程中面棱优先生长的标志。图左侧为大量的、大小均匀的（约 $2\sim3\mu m$）八面体和小于 $2\mu m$ 的晶形不规整的颗粒，组成同为磁铁矿。

在 B 类矿石中可以发现 W、Ce、La、Nd 等稀有元素，通过对一些特征区域

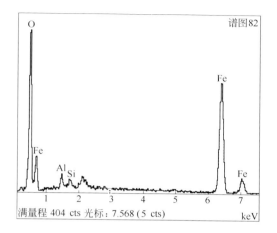

图 1-93　Fe_3O_4 的 EDS 谱图

做 EDS 扫描得以确认，如图 1-94 和图 1-95 所示，但均不见存在相的形貌特征，多为亚微米级的弥散状分布。

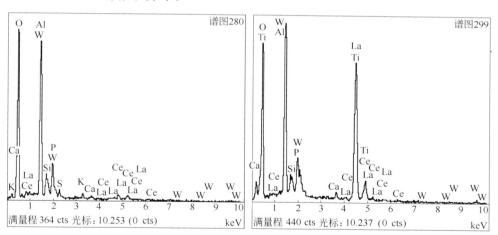

图 1-94　Ce、La、W 的 EDS 谱图　　　图 1-95　Ce、La、W 的 EDS 谱图

参 考 文 献

[1] 郁国城. 水铝石的烧结 [C] // 中国科学院. 1954 年金属工作研究报告会刊. 中国科学院编译局，1955.

[2] 张名大. 华北高铝矾土烧结问题 [R]. 中国科学院金属研究所，1956.

[3] 周宗. 高铝砖试制报告 [C] //中国科学院. 1954 年金属研究工作报告会会刊（第三册，耐火材料），1954：24～42.

[4] 高振昕. 高岭石-水铝石质礬土在烧结中的变化 [J]. 矽酸盐，1957，1（1）：61～65.

[5] 钟香崇，李广平. 古冶矾土化学组成的若干规律 [J]. 矽酸盐，1958，2（2）：49～59.

[6] 钟香崇，李广平，雷晋欧，等. 古冶矾土的差热分析研究 [J]. 硅酸盐，1960，4（1）：17～27.

[7] 钟香崇，李广平. 高铝矾土加热过程的变化和烧结机理 [J]. 硅酸盐学报，1964，3（4）：261～270.

[8] 李广平. 高铝砖结晶相和玻璃相初探 [J]. 耐火材料，1980（6）：5～9.

[9] 王金相，钟香崇. 我国 DK 型烧结高铝矾土的结晶相和玻璃相的研究 [J]. 硅酸盐学报，1982，10（3）：289～296.

[10] 高振昕. 煅烧 D-K-R 型矾土的相组成 [J]. 耐火材料，1990（1）：16～21.

[11] 张丽华. 高铝矾土熟料中含钛矿物的研究 [J]. 耐火材料，1990（1）：22～25.

[12] Александрова Т А. Исследование Камнеподобный Алюмосиликатных Породсеверовостока КНР как Сырья для Производства Огнеупоров [J]. Огнеупоры，1957（9）：407～415.

[13] Schueller A. 从矿物学和岩石学上看河南巩县产的新型黏土矿 [J]. 地质译丛，1957（9）：17～24.

[14] Hill W B. Refractory Grade Calcined Bauxite from China [J]. Interceram，1979（28）：314～315.

[15] Schneider H A Majdic. Untersuchungen an Südamerikanischen und Chinesischen Bauxitrohstoffen [J]. Berichte der DKG，1980：11～12，276～288.

[16] Бушинский Г И. 铝土矿地质学 [M]. 北京：地质出版社，1975.

[17] Jacob L. Bauxite [C] //Ikonnikov A B. Note on Geology of Bauxite Deposits in China. Industrial Minerals Division of AIME，Los Angeles，1984.

[18] 崔毫. 河南省中西部石炭系黏土矿地质特征及矿床成因 [J]. 河南冶金地质，1981（1）：18～38.

[19] 马既民. 河南层黏土矿的显微构造特征及其类型的初步划分 [J]. 河南冶金地质，1981（1）：56～72.

[20] 高振昕，李广平. 中国高铝矾土分类的研究 [J]. 硅酸盐学报，1984，12（2）：243～250.

[21] 王庆飞，邓军，刘学飞，等. 铝土矿地质与成因研究进展 [J]. 地质与勘探，2012，48（3）：431～448.

[22] 刘学飞，王庆飞，李中明，等. 河南铝土矿矿物成因及其演化序列 [J]. 地质与勘探，2012，48（3）：31～41.

[23] 曾德启. 平果铝土矿伴生组分的综合利用前景 [J]. 轻金属，2000（8）：7～9.

[24] 俞缙，李普涛，于航波. 靖西三合铝土矿铝矿物特征及成因机制 [J]. 华东理工大学学报（自然科学版），2009，32（4）：344～349.

［25］贵州省国土资源厅贵州省铝土矿资源勘查与开发专项规划，2012.

［26］李玉娇. 贵州凯里苦李井铝土矿地质特征［J］. 矿物学报，2011（S1）：742～743.

［27］刘百宽，张巍，范青松，等. 铝土矿中明矾石的结晶形貌和熔融反应［J］. 耐火材料，2014，48（3）：178～183.

［28］吕枚，鲍振襄，奚志秀. 湖南省铝土矿矿床特征及其找矿勘探工作［J］. 地质与勘探，1959（11）：2～6.

［29］鲍振襄. 泸溪县李家田铝土矿床地质特征及其控矿因素［J］. 湖南地质，1989，8（2）：28～33.

［30］吴俊，鲍振襄，包觉敏. 湘西李家田铝土矿床成矿控制因素及成因［J］. 矿产勘查，2012，3（3）：334～338.

［31］Chesworth W. The Stability of Gibbsite and Boehmite at the Surface of the Earth［J］. Clays and Clay Minerals，1972（20）：369～374.

［32］Gaudette H E，Eades J L，Grim R E. The Nature of Illite［A］. 13th National Conference on Clays and Clay Minerals：33～48.

［33］Srodon J. X-ray Identification of Randomly Interstratified Illite-smectite in Mixtures With Discrete Illite［J］. Clay Minerals，1981（16）：297～304.

2 铝土矿的热分解

铝土矿的热分解是烧结过程的前奏，指含水矿物的脱水和相变过程。依据铝土矿的矿物组成、晶体形貌和分布以及伴生矿物的赋存状态的多样性，将发生一系列物理-化学反应，非简单的烧结定义所能涵盖。所以，铝土矿的烧结实为反应烧结过程。

烧结包括固相烧结和液相烧结。包含化学反应的烧结过程称为反应烧结，包括分解、相变、蒸发、扩散、固溶、化合、再结晶（晶体长大）和重结晶（溶解-析晶）等一系列过程。铝土矿的烧结过程就包含了固相烧结、液相烧结和反应烧结。所以，讨论铝土矿烧结机制应限定研究对象，单一水铝石的烧结比较简单，分解成刚玉和后续的晶体长大和致密化；而高岭石的烧结产物则是莫来石和玻璃相。水铝石与高岭石两种矿物的均匀混合体的烧结就比较复杂，发生二次莫来石化反应，若考虑杂质参与反应则会生成钛酸铝、钙六铝等高熔点相和组成复杂的低熔点玻璃相。弄清这些烧结过程中现象的依据是显微结构分析，且主要是晶体形貌、相组成和结合状态的分析。过去的光学显微镜分辨力不高，限制了人们对事物真谛的认识，有些现象和论点尚值得商榷。例如，水铝石分解成刚玉的形貌状态是怎样的；二次莫来石化是否妨碍烧结；能否实现致密化烧结等问题都值得深入探讨。

2.1 水铝石的热分解

对水铝石分解研究的历史是很悠久的，Ervin[1]汇总了 1932～1951 年的诸多研究结果，并最早以 XRD 法鉴定出水铝石受热直接转变为刚玉，并用光学显微镜观察了分解产物的形貌，提出了"水铝石假象"（pseudomorphs after the diaspore）之说；而 Kloprogge 等[2]综述了 1952～2002 年的 50 年间的研究报道，介绍了热重分析（TG）、差热分析（DTA）、X 射线衍射仪分析（XRD）、红外光谱（UR）等非图像法的研究结果。这两份综述，基本上勾画出了 80 年来有关水铝石晶体构造和热分解的研究历程，可供人们按图索骥。由于试验条件各异，所得实验结果各不相同，令人莫衷一是。总的来说，研究水铝石分解行为的研究者，多以非图像（TG，DTA，XRD，UR）法为主，而且近年的一些研究报道也多为非图像研究结果。

Carim[3]认为水铝石为两步分解：第一步分解出 $\alpha'\text{-Al}_2\text{O}_3$；第二步为 $\alpha'\text{-}$

Al_2O_3 向 α-Al_2O_3 转变。Carim 认为 α'-Al_2O_3 是一个新生过渡相，是纳米晶体，是水铝石真空加热分解的特征相。直接观察的形貌学研究受到仪器分辨力的限制，早年以光学显微术为主，因观察不到水铝石分解的真实现象而得出不实的印象[1]；后来即使有了扫描电镜，在通常的放大倍率下观察到的"加热到1300℃水铝石的外形都没有变化"[4,5]的形貌也未必真实。Watari 等[6]利用透射电镜分析，通过电子衍射和晶格像分析，表征了水铝石相变的特殊织构关系并指出，脱水的水铝石既不是水铝石，也不是刚玉，而是所谓的"超结构（superstructure）"，即特殊的织构关系，但没能观察到分解产物的形貌。近年，国内学者也做过一些水铝石热分解动力学方面的推导研究[7~9]，但缺乏实验结果。

　　早年，国内研究者研究水铝石分解行为也是靠热分析（TGA，DTA）法和XRD 法。DTA 分析结果表明，在常速10℃/min 的升温条件下，水铝石于530～550℃分解，升温速率明显影响分解温度。1960 年，李广平等曾对古冶铝土矿做过DTA 专题分析，研究水铝石和高岭石分解温度的影响因素，当时就受到缺少显微结构分析的限制而得不到真实的信息。笔者虽采用了光学显微镜观察，只凭薄片鉴定也得不到完整的结果。所以，此次我们采用纳米级分辨力的场发射扫描电镜分析，将水铝石于1200℃条件下、热处理3h 后的样品放在100000 倍率下观察，可观察到微晶水铝石假象分解相变为纳米尺度刚玉的形貌特征。

　　同样，国外的某些研究者也是以 TGA、DTA、UR、XRD 等检测方法研究水铝石的分解行为，发现杂质会影响分解温度。如 Kloprogge 等[2]发现，当水铝石含有 Mn 元素杂质时做 DTA 分析，结果显示出复杂的622℃和650℃双吸热谷。问题的焦点在于为何水铝石可以直接转变为刚玉，而三水铝石和勃姆石却不能？认为水铝石转变为刚玉的机制尚不清楚。

　　人们之所以热衷于采用非图像法研究水铝石分解行为，大概是由于光学显微镜分辨力不足。笔者早年曾对此做过尝试，但毫无结果。Ervin[1]在 OM 下观察了在1400℃下加热1s 和在1200℃下加热5s 合成的水铝石与天然的水铝石的分解行为，指出只有其中部分颗粒转化，而另一部分未发生变化。相变后的水铝石晶体外形不变，但双折射率降低，测得单轴晶负光性，这样的结果显然是有问题的。众所周知，能测出光性正负的晶体尺寸最小也要大于 $30\sim50\mu m$，而实验中仅保温几秒钟如何使晶体长到如此之大。Ervin 引证的 Schwiersch 在1933 年的OM 观测结果是真实的，即"水铝石在转化为刚玉的过程中折射率显著下降，这是与刚玉折射率高于水铝石相矛盾的。此现象可能是由于颗粒的微孔吸附水薄膜的影响。将水铝石在1400℃下加热24h 后，在 OM 下观察其变化，发现薄片的最薄处也是不透明的"。Schwiersch 观察到的现象说明生成的刚玉为微晶，因取向不一致的重叠效应导致"不透明"。

　　真实的事实是 OM 不可能观察到水铝石的分解现象，甚至采用常规 SEM 也有难度。Tsuchida 等[4,5]利用拜耳石和假勃姆石作为水热合成水铝石的原料，取质量分数为 10% ~35% 的水铝石粉作籽晶，制成纯水铝石。用 SEM 观察到宽 20μm 长 50μm 的柱状合成水铝石，将其做 DTA 和高温衍射仪 HT-XRD 分析，在 492℃ 分解成刚玉，其（012）线在 500℃ 出现。直到加热到 1300℃ 水铝石的外形都没有变化，因此 Tsuchida 认为这些 "针状" 晶体就是 α-Al$_2$O$_3$。估测显微照片的放大倍数为 7000 ~8000 倍，根据笔者经验，这个放大倍率是发现不了水铝石分解出来的纳米级刚玉晶体的形貌的，Tsuchida 所谓的 "针状" 刚玉并非真实的刚玉晶体。

以上研究结果表明，对于微米-纳米尺度范围的水铝石分解形貌尚缺乏研究。笔者利用高分辨力场发射扫描电镜研究了水铝石分解形貌和刚玉晶体生长问题，希望能对历史问题有个新的认识，并且能为生产和使用者提供新的信息[10]。

本研究所用原料为山西产的 D-K 型铝土矿，基本上为全水铝石类型。以 XRF 法测定化学组成（质量分数）为：Al$_2$O$_3$ 74.37%，SiO$_2$ 3.82%，TiO$_2$ 2.86%，Fe$_2$O$_3$ 1.60%，CaO 0.27%，MgO 0.30%，K$_2$O 0.40%，Na$_2$O 0.57%，P$_2$O$_5$ 0.26%，SO$_3$ 0.98%，I.L. 14.48%。致密型铝土矿的水铝石晶体呈短柱状，由于不具备自形生长空间，因此晶形不很完整；而疏松型铝土矿中的水铝石晶体却可以发育成自形。水铝石的 TG 和 DTA 分析结果表明，在常速 10℃/min 的升温条件下，水铝石在 530 ~550℃ 分解，失重为 14% ~15%。

在本研究中取水铝石小块状标本（约 15mm × 15mm × 5mm）分别在 500℃、700℃、1000℃、1200℃、1400℃ 和 1600℃ 条件下加热处理并保温 3h，所得结果分析如下。

2.1.1　分解与相变的温度

对水铝石矿石和在不同温度下（500℃、700℃、1000℃、1200℃、1400℃ 和 1600℃恒温 3h）进行热处理的试样做了 XRD 分析，结果如图 2-1 所示。料中可鉴定出存在金红石和锐钛矿。经 500℃ 处理的样品已形成标准的 α-Al$_2$O$_3$ 晶格构造，锐钛矿部分相变为金红石。测试中在不同温度下处理的 α-Al$_2$O$_3$ 的 d 值数据没有明显差别（数据略）。

衍射强度与温度的关系见表 2-1。从表中衍射强度看，500℃ 至 1000℃ 之间（104）和（116）两晶面次强线的计数率（cts）逐渐增强，而（113）最强线变化不大；但至 1200℃ 时三条线的强度都激增。再继续升温至 1400℃，最强线略微降低；而 2.554Å 和 1.603Å 次强线相对增强，意味着（104）和（116）晶面发育强劲。但当温度达到 1600℃ 时，所有晶面的衍射强度反而下降，这是因为出现了莫来石和钛酸铝，使刚玉数量相对减少（从 93% 降至 81%），因此这不

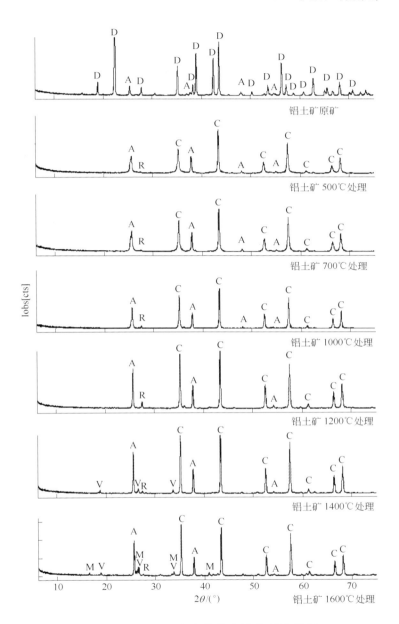

图 2-1　500~1600℃加热的水铝石 XRD 谱图

D—水铝石；A—锐钛矿；C—刚玉；R—金红石；M—莫来石；V—Al_2TiO_5

是温度的效应，而是样品的组分不均所致。由图 2-1 的 XRD 谱线可见，1400℃已生成钛酸铝。

表 2-1   衍射强度（cts）与温度的关系

温度/℃	d/Å	(hkl)	衍射强度（cts）
500	2.554	(104)	618
	2.088	(113)	1179
	1.603	(116)	727
700	2.554	(104)	835
	2.088	(113)	1104
	1.603	(116)	873
1000	2.554	(104)	860
	2.088	(113)	1022
	1.603	(116)	812
1200	2.553	(104)	1484
	2.088	(113)	1547
	1.603	(116)	1191
1400	2.556	(104)	1510
	2.091	(113)	1303
	1.603	(116)	1349
1600	2.553	(104)	1385
	2.089	(113)	1284
	1.603	(116)	1088

2.1.2   在不同温度下分解的刚玉形貌

水铝石，斜方晶系，理论密度为 $3.48g/cm^3$。结晶形状为柱状、片状或粒状，结晶形状取决于沉积环境。在 SEM 下观察断口可见短柱状和粒状结晶形貌，如图 2-2 所示。

水铝石分解后形态上仍保持其原外形，但 XRD 分析证实结晶性质为 α-Al_2O_3，被称为水铝石假象，但对于生成的 α-Al_2O_3 的形态及尺寸却尚不清楚。本研究发现，水铝石小块状试样在 500℃、3h 处理后基本上无变化，只出现个别的裂纹，如图 2-3 所示。XRD 分析结果表明水铝石样本已全部相变为刚玉。水铝石样本在 700℃、3h 热处理后的形貌如图 2-4 所示，与图 2-2 中的水铝石晶体相比较主要差别在于部分假象裂解，缝隙扩大，这是由排除结晶水产生收缩所致。大部分假象的形状和尺寸均无明显变化。按照简单的推理，既然 XRD 鉴定 500℃ 已是刚玉，那么 SEM 拍摄的图 2-3 和图 2-4 所示柱状形状也理应是刚玉；但事实上，它们仍然是水铝石假象，因此用 SEM 识别不出形貌特征。

图 2-2 水铝石的晶体形貌

图 2-3 500℃条件下热处理 3h 后的水铝石假象

图 2-4   700℃ 条件下热处理 3h 后的水铝石假象

在 1000℃、3h 热处理后，更多的水铝石假象裂解，如图 2-5 所示。在 120000 倍率下观察时，可发现水铝石假象开始生成了一些小于 100nm 的浑圆粒子，大多数在 40~50nm 范围内，如图 2-6 所示。该形貌图像在常规镀膜条件和放大倍率下是拍摄不到的，我们采用最小的电流和长时间（5mA、8min）镀膜，以防金粒子干扰。这些粒子是具有不稳定形态的、可辨识的刚玉。继续升温过程进行晶体长大和致密化，完成水铝石的烧结过程，即依据浑圆粒的曲率半径差，进行晶体消失或长大。EDS 分析表明，图中央的粗大柱状晶体是锐钛矿（TiO_2，anatase）。在 1000℃、3h 热处理，它与纳米级刚玉没有化合反应。

在 1200℃、3h 热处理后的样品在 100000 倍率下便可观察到全部变为纳米级微晶，其结构如图 2-7 所示。

2.1.3   刚玉晶体生长

从可识别的纳米级球粒状刚玉晶体开始，随温度升高而进行晶体长大的过程。在 1400℃ 条件下，恒温 3h，晶体急剧长大到 2~3μm，在 2000 倍的显微结构照片中便可清晰地显示出刚玉的粒状形貌，如图 2-8 所示。再在 20000 倍率下观察，可清晰观察到晶体多呈浑圆粒状，部分晶面有平面化趋势，部分晶体紧密黏结在一起，呈共有晶界，如图 2-9 所示。晶间气孔大多小于 1μm，这些晶间气

图 2-5 1000℃条件下热处理 3h 后的水铝石假象

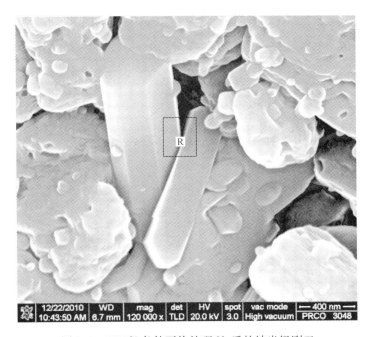

图 2-6 1000℃条件下热处理 3h 后的纳米级刚玉

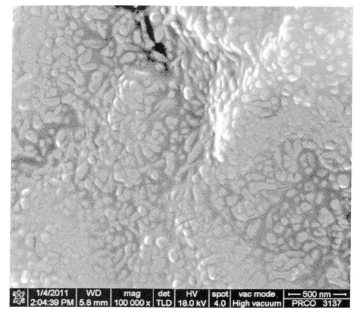

图 2-7 1200℃条件下热处理 3h 后的纳米级刚玉晶体

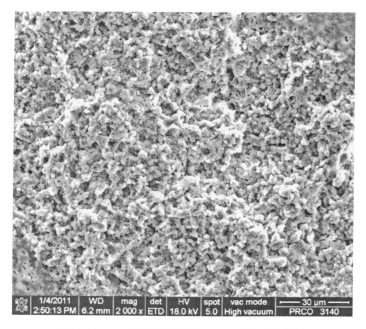

图 2-8 1400℃条件下热处理 3h 后的显微结构

孔在晶体后续长大的过程，将会有一部分排逸至晶界，直至消失；而另一部分构成晶内气孔而不消失。

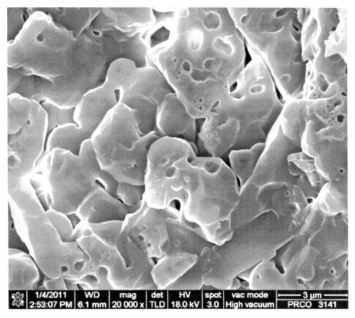

图 2-9 刚玉晶体的浑圆粒状形貌和晶间气孔

1400℃的烧结温度对于原始块状铝土矿的烧结而言算是较低的，刚玉晶体尺寸不过 2～3μm，具有较大的活性。在 150000 倍率下可以仔细地观察到晶面的发育过程，从纳米级的台阶群逐渐实现局部平面化和纳米气孔的赋存状态。这些结构信息如图 2-10 所示。而图 2-11 所示的刚玉晶间的完整的台阶群为微米级尺度，是在工业生产条件下高温烧结的水铝石块料的微区结构。过去研究水铝石烧结未发现过台阶生长现象。

在 1600℃、3h 热处理后的样品中较大刚玉晶体的尺寸发育至 10～30μm，如图 2-12 所示，低倍结构图像清晰地显现出刚玉晶体的尺寸范围和晶间结合状态。利用 HF 溶液蚀像技术可表征玻璃相的数量和分布状态，结果表明，除显示出清晰的晶粒外，没有集聚存在的玻璃相。其中尺寸较大的（20～30μm）晶体突显出聚集再结晶生长的形貌特征。许多较小的晶体部分晶面平面化，抑制了再结晶长大的动力，于是构成了 1～30μm 范围宽广的粒度分布状态，这有益于致密化和热学-化学性质的优化；当然，平面化的晶体也会形成间隙而不利于致密化，均属晶体再结晶长大的常规现象。另外值得关注的是，刚玉晶体聚集长大过程中将晶内、晶间气孔大多排除，形成致密化的晶体结构，由放大 10000 倍的图像（见图 2-13）可见，晶间存在钛酸铝（AT）。

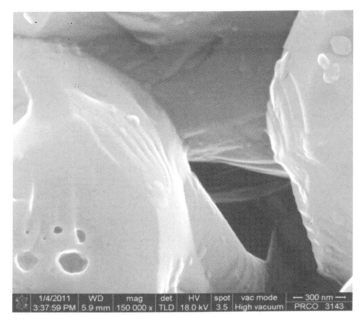

图 2-10 刚玉表面的纳米级台阶群

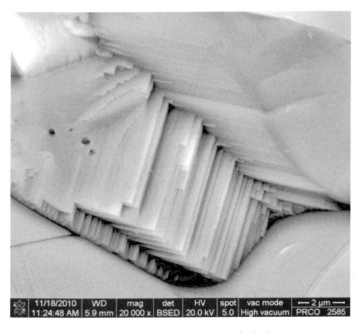

图 2-11 刚玉晶间的微米级台阶群

图 2-12 1600℃ 条件下热处理 3h 后的显微结构

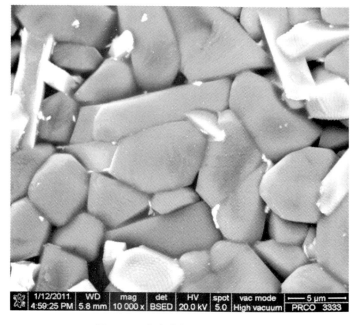

图 2-13 致密化的刚玉晶体结构

2.2　勃姆石的热分解

2.2.1　分解相变的学说

长久以来，在对于铝土矿的 3 种铝矿物热分解的研究中，XRD、DTA-TGA 和红外发射光谱仪（infrared emission spectroscopy，IES）检验方法都起了重要作用，因为分解反应产物过分细腻而不宜用图像法（OM 和 SEM）表征。

Kloprogge 等[2]在 2002 年发表了长篇文献综述，介绍了水铝石、勃姆石和三水铝石（合成的和天然的）热分解的 IES 分析特点，同时联系到 DTA 检测数据引证，见表 2-2。结果表明，勃姆石的分解温度为 502℃，比水铝石低 30℃。这与两矿物的晶体构造和性质指标是吻合的。文献称，表 2-2 中水铝石 622℃ 和 650℃ 两吸热谷是由于 Mn 置换 Al 造成的影响；532℃（很宽）的吸热谷才是水铝石的。我们分析过古冶和河南的单矿物水铝石铝土矿的 DTA，吸热谷没有发现宽化现象，温度为 540 ~ 580℃；高岭石的吸热谷波动范围为 600 ~ 620℃，迪开石为 650 ~ 670℃。

表 2-2　水铝石、勃姆石和三水铝石吸热反应温度^[8]

样　品	吸热峰 1/℃	吸热峰 2/℃	吸热峰 3/℃	吸热峰 4/℃	吸热峰 5/℃	吸热峰 6/℃
合成三水铝石	223		301	503		
天然三水铝石 11		275	311	505		
天然勃姆石 148				502		
天然水铝石 1151				532（很宽）	622	650

勃姆石与水铝石不同，不能直接分解相变为 α-Al_2O_3；而是要经由 γ 相、δ 相和 θ 相过渡后再相变为 α-Al_2O_3。西班牙国家研究中心的 Fillali 等人[11]近期报道了采用 DTA-TGA、XRD 和 TEM 检测手段测得的勃姆石的热分解进行研究的结果，但建立结论的主要分析手段是 XRD。不过，首先值得指出的是，研究者所用试样不是天然矿物勃姆石，而是用炼铝工业的废料经水热处理获得的"勃姆石先躯体"，然后以 20℃/min 的升温速率在 1300℃、1400℃ 和 1500℃ 条件下恒温热处理 2h、4h、7h 和 12h。因此，该结果只供参考。Li 等[12]在 400℃，35MPa 的超临界水热环境条件下合成了无硝酸根的纳米级勃姆石单晶，当温度升至 725℃ 时，转化为约 10nm 大小的 γ-Al_2O_3，还可显示有 θ-Al_2O_3；当温度升至 1250℃ 时，转变为 α-Al_2O_3。

Tettenhorst 等[13]以 $AlCl_3$ 为原料与 NaOH 和 NaCl 溶液在 20 ~ 300℃ 温度范围内合成了 32 个勃姆石试样，利用 SEM、TEM、ED、DTA、IRS 和 XRD 做了鉴

定。XRD 分析结果表明，在 150℃ 以下温度处理的约半数试样呈现不标准的勃姆石衍射线，被称之为"假勃姆石"（pseudo-boehmite）；在 150~300℃ 温度范围内合成的试样具有标准的衍射峰，可见微量 $AlCl_3$ 的特征衍射峰。DTA 分析结果显示为标准的勃姆石的吸热谷，约 530℃。

经 XRD 检验表明，先驱体具有勃姆石的晶面指数（JCPDS 1-088-2112）。热处理后的相组合见表 2-3。

表 2-3　不同热处理条件对勃姆石相变的影响[14]　　（%）

热处理条件	α 相	γ 相	θ 相	δ 相	非晶相
1400℃，2h	21.2	36.8	9.2	12.0	20.8
1300℃，7h	63.3	12.5	3.5	19.8	18.0
1400℃，7h	81.5		0.7	1.7	16.0
1500℃，7h	79.2				19.8

表 2-3 表明，在相同恒温时间内进行热处理，随温度升高分解相变更完全，但含有相当数量的非晶相。在 1400℃ 温度下，恒温时间从 2h 延长至 7h，刚玉生成量达最大值，表明反应时间促进相变的动力学因素更重要。

Bratton 等[14]早年指出，在 1000~1500℃ 温度范围内对高岭石质、勃姆石质和水铝石质黏土的热处理后检测表明，勃姆石分解形成的刚玉的活性比水铝石分解形成的刚玉活性高，反应生成莫来石的速率也大。值得指出的是，所谓勃姆石分解的"刚玉活性高"可能与在广泛的温度范围内存在 $\gamma\text{-}Al_2O_3$ 和 $\theta\text{-}Al_2O_3$[13]过渡相有关。

2.2.2　分解产物的形貌

文献中很少报道铝土矿中的勃姆石分解相变的形貌特征，可能是由于不易分辨原矿物。

在本研究的样品中绝大部分是勃姆石与高岭石均匀分布的共生结构，当以原矿石在 1500℃、3h 烧结时，将主要发生莫来石化和二次莫来石化反应；只有在个别勃姆石富集的区域可以观察到微晶刚玉。

如图 2-14 所示为不均匀结构的局部图像，方框 A、B 划定两个结构差别明显的区域，A 区域由柱状莫来石交差成空隙结构，晶间不显玻璃相胶结，EDS 测得其组成（质量分数）为：Al_2O_3 68.8%、SiO_2 30.1%、TiO_2 1.1%，十分接近莫来石理论组成；B 区域为玻璃相富集区，测得其组成（质量分数）为：Al_2O_3 39.3%、SiO_2 56.9%、TiO_2 3.8%。两区域的 EDS 谱图见图 2-15 和图 2-16。

如图 2-17 所示即由小于 $1\mu m$ 的粒状刚玉构成的松弛结构，部分微粒黏结在一起构成团聚状，因体积收缩形成气孔和裂纹。在 1500℃ 条件下烧结 3h 对单矿

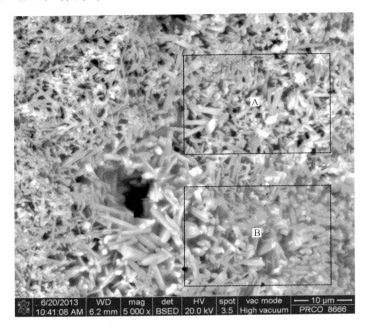

图 2-14 不均匀结构的局部图像

物勃姆石来说，不足以完成相变并促进晶体生长，但仔细观察会发现微晶刚玉聚团间似有液相胶结现象。采用 EDS 分析发现，微晶刚玉聚团的 Al_2O_3 含量只有 86.2%，SiO_2 含量高达 12.7%，另含 1.1% TiO_2，如图 2-18 所示，表明不是单纯的刚玉。测得刚玉晶间的玻璃相组成，如图 2-16 所示。

图 2-19 为同样在 20000 倍率下拍摄的莫来石形貌，晶体呈粗细不等的柱状，横截面边长小于 $1\mu m$，长度可达 $4\sim5\mu m$。如图 2-15 所示表征其为莫来石组成。

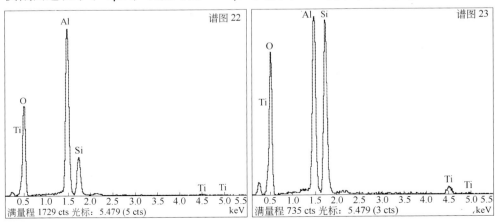

图 2-15 莫来石 EDS 谱图   图 2-16 玻璃相 EDS 谱图

图 2-17 微晶刚玉

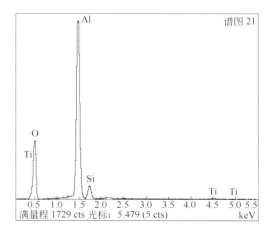

图 2-18 微晶刚玉 EDS 谱图

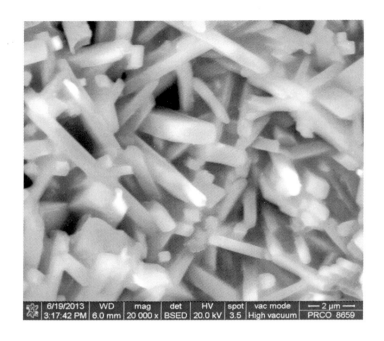

图 2-19 莫来石

2.3 高岭石的热分解

2.3.1 高岭石热分解学说

关于高岭石热分解的研究也是结果多样、说法不一。由于分解产物不宜用显微形貌观察，故大多采用热谱、热重-差示扫描、核磁共振、XRD、UR 光谱等方法研究，难以对不同研究结果的可信性进行评价。

高岭石于 $580 \sim 600℃$ 分解相变为偏高岭石[15]。DTA 曲线的第一个放热峰（$890 \sim 1000℃$）标志着形成立方系硅铝尖晶石（$Al_4Si_3O_{12}$）[15~17]。Bratton 等[14]和 Duncan 等[18] 较早指出高岭石分解生成硅铝尖晶石（$980℃$，$1000 \sim 1100℃$）。综合以上研究结果，可将高岭石分解相变为莫来石的过程，用下式说明：

$$Al_4[Si_4O_{10}](OH)_8 \longrightarrow Al_4Si_4O_{14}（偏高岭石）+4H_2O \tag{2-1}$$

$$Al_4Si_4O_{14} \longrightarrow Si_3Al_4O_{12}（立方系 Si\text{-}Al 尖晶石）+ SiO_2 \tag{2-2}$$

$$Al_4Si_3O_{12} \longrightarrow Al_4Si_2O_{10}（过渡组成 1:1 莫来石）+ SiO_2 \tag{2-3}$$

$$Al_4Si_2O_{10} \longrightarrow 莫来石 + SiO_2 \tag{2-4}$$

按以上反应式，这 4 步反应过程的后 3 步都生成游离 SiO_2，教材和某些论著

称这些 SiO_2 为石英或方石英,其实都不正确。有时为了热力学计算方便而假设它是方石英,以便查找数据,其实高岭石的分解的最终产物是莫来石和富 SiO_2 的玻璃相。高岭石的莫来石化相当于液相析晶,当烧结温度足够高时,方能观察到微小的针状或柱状晶体。

高琼英等[19]认为高岭石两层 OH⁻ 脱羟温度不同,外层为 470～540℃,不影响结构变化;内层为 540℃,致使结构严重破坏,形成非晶态偏高岭石,直至 880℃不变化。自 920℃开始出现莫来石,1080℃莫来石化明显。李光辉等[20]采用热重-差示扫描、核磁共振、XRD、UR 光谱等方法研究了高岭石热处理过程中的铝的配位数变化。在低于 450℃时铝氧八面体中铝为 Al4 配位;在 450～550℃发生脱羟基反应,高岭石排出结晶水;在 550～991℃变为非晶态偏高岭石,配位结构为 Al4、Al5、Al6;高于 991℃后逐渐变为 γ-Al_2O_3 和莫来石,呈 Al4、Al5 配位。偏高岭石酸溶性好;而 γ-Al_2O_3 和莫来石则难溶。魏存弟等[21]用 XRD、UR 光谱、核磁共振和能量色散仪器研究了煤系高岭石在 200～1300℃温度范围内的受热相变过程,该过程分为 4 阶段,即在约 550℃时脱羟;在 550～850℃时偏高岭化;在 850～1100℃时分凝出 SiO_2;在 950～1100℃时分凝出 Al_2O_3,这些物质可由能量色散分析进行证实。950℃时为 γ-Al_2O_3 而不是 Al-Si 尖晶石。莫来石是由高岭石分凝出的 SiO_2 和 Al_2O_3 反应而成的。在 SEM 下用 EDS 测出莫来石区域和氧化铝区域,但从显微照片看不清楚,这是因为仪器的分辨力达不到。

2.3.2 高岭石莫来石化的结晶形貌

高岭石热分解后在 1000℃左右开始生成的莫来石是很难被观察到形貌特征的,通常,经 1300～1400℃煅烧的原料,在 OM 下也很难看到莫来石晶体形状。如图 2-20 所示为煅烧高岭石的低倍(200 倍)显微结构,其中约 14% 的结晶水被排除后形成了大量气孔,致使原矿石不能充分收缩和致密化。

在 1400℃、3h 热分解的高岭石中析晶的莫来石,只有在 100000 倍的高倍率下才能拍摄到液相析晶的显微结构,晶形完整的柱状晶体在 200～400nm 范围内,如图 2-21 所示。当温度-浓度条件适宜,莫来石自液相析晶会使晶体稍许长大,甚至在 20000 倍率下观察分解产物时,便会发现在液相中析晶的细柱状莫来石,其长度可达 3μm,宽、厚为 0.5～1μm,如图 2-22 所示。这些微细的柱状晶体几乎完全被玻璃相隔离,很难聚集长大,只有当温度升至极限致使原料接近熔融,微晶莫来石熔于液相中,重晶后会使晶体稍许长大,这是因为受原料组分浓度(Al_3O_3/SiO_2)所限;反之,如果有多余氧化铝溶于液相而提高 Al_3O_3/SiO_2,重晶的二次莫来石便会显著长大。

图 2-21 和图 2-22 都显示出玻璃相呈连续结构的特征。借助于 EDS 分析测得玻璃相的组成(质量分数)为:Al_2O_3 17.5%、SiO_2 80.3%、K_2O 0.2%、CaO

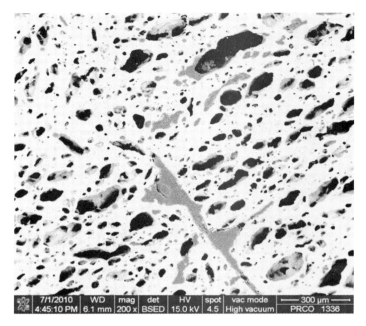

图 2-20 煅烧高岭石的低倍显微结构

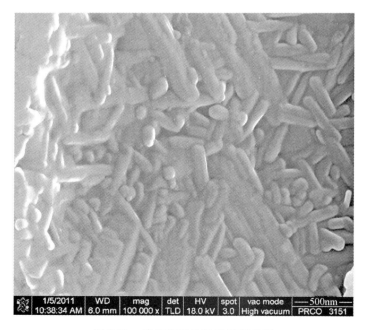

图 2-21 液相析晶的纳米级莫来石

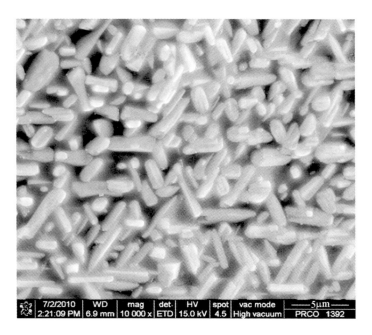

图 2-22 液相析晶的微米级莫来石

0.7% 、TiO_2 0.8% 、Fe_2O_3 0.6% ，如图 2-23 所示，证实了高岭石分解生成莫来石和高硅质液相，而杂质总量只有 2.2% ，表明高岭石很纯净。析晶的莫来石组成（质量分数）为：Al_2O_3 66.2% 、SiO_2 33.8% ，显著低于 $Al_2O_3/SiO_2 = 3/2$ （摩尔比），如图 2-24 所示。可能出于两种可能性：一种可能性是莫来石的 Al_2O_3/SiO_2

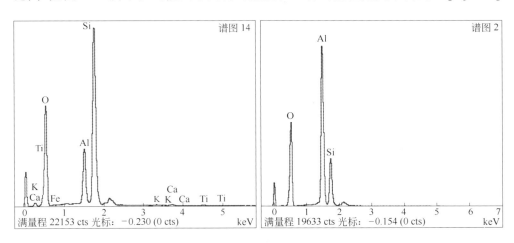

图 2-23 玻璃相 EDS 谱图   图 2-24 莫来石 EDS 谱图

与析晶环境（原始组分）有关，原始组分 Al_2O_3 含量低者，析出的莫来石含 Al_2O_3 也低；另一种可能性是 EDS 测试偏差，即莫来石晶体细小，电子束取样超出晶体尺寸，因此取到了少许玻璃相。

2.4 二次莫来石化

高岭石分解产物是莫来石 + 玻璃相。原料中所含一切微量杂质，特别是 K_2O 和 Na_2O 基本上全都参与生成了液相，之后冷凝为玻璃相。当 K_2O 和 Na_2O 达到一定含量时，还会析出 $\beta\text{-}Al_2O_3$ 晶体。此液相与刚玉反应生成莫来石，这是最原始的"二次莫来石"化的狭义概念；而广义的二次莫来石化还包括重结晶（液相析晶）过程。

"二次莫来石"这一称谓是由 Полупояринов（1955）[22] 首先提出，以表示与高岭石分解生成的莫来石相区别，是指以工业氧化铝（$\alpha + \gamma\text{-}Al_2O_3$）与高岭石反应，于 1250℃ 开始生成的莫来石称为"二次"。笔者在 1957 年研究 D-K 型铝土矿细粉均化烧结时，提到发生二次莫来石化，就是引用了他首创的这个词。二次莫来石化是个广义术语，适用于铝土矿烧结过程发生的反应。液相与刚玉接触发生"二次"莫来石化反应时，原态莫来石还是纳米尺度的状态，会起到籽晶的作用，随着温度升高和时间的延长，加剧反应进程使晶体长大，在形貌上就没有原态和"二次"之分了。Kotsis 和 Leventene[23] 通过 XRD 分析进而指出，不能将这种"二次"莫来石表述为计量的化学式，而应表述为 $Al_2O_3 \cdot nSiO_2$ 的非计量组成，即可表征为 $Al_2(Al_{2+2x}Si_{2-2x})O_{10-x}$（式中 x 为单位晶胞中四面体中氧原子的减失数，$x = 0.17 \sim 0.59$）。

D-K 型铝土矿的二次莫来石化是水铝石和高岭石分解相变后的高温反应，当两矿物分布均匀、比例相当或在原料粉碎均化的条件下极易完成，但是不易致密化。这是自然规律，不可奢求。如图 2-25 所示为纯净的、水铝石和高岭石比例恰好为当量的、均匀分布的原料莫来石化的显微结构，晶体都为柱状，尺寸均匀（10μm 左右）。二次莫来石化反应相当完全，由于没有玻璃相，晶间空隙不能充实。与此形成对照，如图 2-26 所示结构也是二次莫来石化完全的原料，只是高岭石比例超过当量，生成了一些玻璃相填充于莫来石晶间，显得异常致密。

从显微结构上分析认为原态莫来石即为"二次"莫来石化的晶核，随着温度升高和时间的延长晶体长大，使形貌上没有原态和"二次"之分。但在原则上，铝土矿烧结产物中除二次莫来石化反应之外，不可能生成单一的、完全的莫来石组合，如图 2-25 所示的 3D 莫来石晶体表面光滑、洁净，没有液相黏附的显微结构特征；而玻璃相结合莫来石的晶体形态以 2D 图像来表现非常清晰，如图 2-26 所示。

其实，绝对不含液相的二次莫来石化是没有的，图 2-25 中显示莫来石晶体

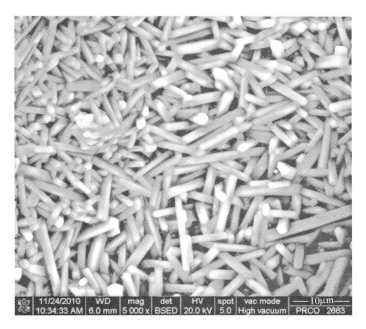

图 2-25　纯净的全莫来石结构

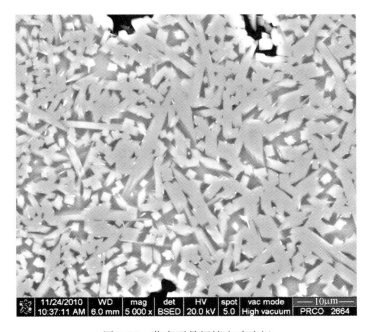

图 2-26　莫来石晶间填充玻璃相

表面没有液相黏附是因为图像的放大倍率低（5000 倍），在 50000 倍下观察时，便会发现许多的液滴状玻璃相附着于莫来石晶体表面，如图 2-27 所示。利用 EDS 测试莫来石的组成表明，Al_2O_3 含量只有 69.1%，SiO_2 含量高达 28.9%（质量分数），显然低于 $Al/Si = 3/2$ 的组成，此外还含有 1% 的 TiO_2 和 1% Fe_2O_3，造成这种偏差的原因就是因为有玻璃相薄膜影响了测试结果。

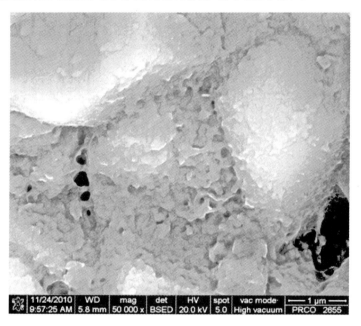

图 2-27　莫来石表面的玻璃相液滴

以高岭石为主含少量水铝石的Ⅲ级料中两种矿物均匀分布，容易致密化烧结，因其收缩率较高，经常形成层裂状宏观结构，但粉碎的颗粒却很致密，使其吸水率很低。烧结料的显微结构为莫来石-玻璃相两相结构。

二次莫来石化反应的程度除受温度-时间条件影响外，反应物接触界面的面积更是其中的关键因素。如果接触界面受到限制，则反应将不会进行完全，会构成局部非平衡态相关系。如图 2-28 所示的三相共存的显微结构，方框 M + G 表示的是莫来石和玻璃相，由于莫来石属于液相析晶行为，所以晶体发育成规整的柱状，但受到液相分割和 Al^{3+} 浓度低的限制，晶体不易聚集长大；而方框 C 所示为一些浑圆状刚玉。这就是由于液相不能充分接触并溶解刚玉，才不能进行完全的二次莫来石化反应。

二次莫来石化的最典型结构特征是刚玉的包晶反应（peritectic reaction），紧密地包裹着刚玉周边生成的莫来石，如图 2-29 所示。此类结构需用抛光片观察

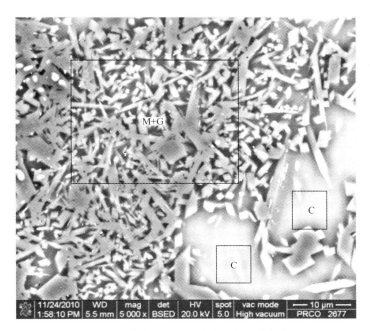

图 2-28 莫来石-刚玉-玻璃三相共存结构

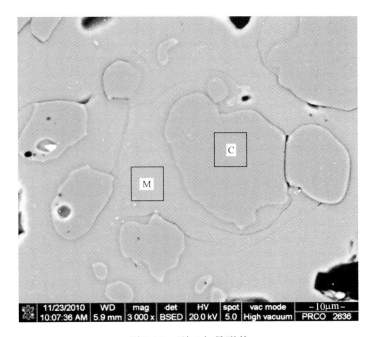

图 2-29 刚玉包晶形貌

2D 图像，突起的不规则颗粒为残存刚玉，基质为莫来石。由于高硅质液相与刚玉反应殆尽，莫来石结合紧密，故而显示不出晶界，只有在空隙里可展示晶体紧密结合的形貌，如图 2-30 所示。

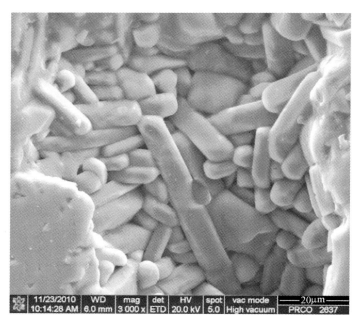

图 2-30　紧密堆积的莫来石 3D 形貌

参 考 文 献

[1] Ervin G. Structural Interpretation of the Diaspore-corundum and Boehmite-γ-Al$_2$O$_3$ Transitions [J]. Acta Cryst., 1952: 103 ~ 108.

[2] Kloprogge J T, Ruan H D, Frost R L. Thermal Decomposition of Bauxite Minerals: Infrared Emission Spectroscopy of Gibbsite, Boehmite and Diaspore [J]. Journal of Materials Science, 2002, 37 (6): 1121 ~ 1129.

[3] Carim A H, Rohrer G S, Dando N R. Conversion of Diaspore to Corundum: A New Alumina Transformation Sequence [J]. Journal of Am. Ceram. Soc., 1997, 80 (10): 2677 ~ 2680.

[4] Tsuchida T, Kodaira K. Hydrothermal Synthesis and Characterization of Diaspore, β-Al$_2$O$_3$ [J]. Journal of Materials Science, 1990, 25: 4423 ~ 4426.

[5] Tsuchida T. Preparation and Reactivity of Acicular α-Al$_2$O$_3$ from Synthetic Diaspore, β-Al$_2$O$_3$ · H$_2$O [J]. Solid State Ionics, 1993 (63 ~ 65): 464 ~ 470.

[6] Watari F, Delavignette P, Amelinckx S. Electron Microscopic Study of Dehydration Transforma-

tions 2. The Formation of "Superstructures" on the Dehydration of Goethite and Diaspore [J]. Journal of Solid State Chemistry, 1979, 29: 417~427.

[7] 李浩群, 邵天敏, 陈大融. 一水硬铝石热分解动力学研究 [J]. 硅酸盐学报, 2002, 30 (3): 335~346.

[8] Haoqun Li, Tianmin Shao, Desheng Li. Non-isothermal Reaction Kinetics of Diasporicbauxite [J]. Thermochimica Acta, 2005, 427: 9~12.

[9] 杨华明, 杨武国, 胡岳华, 等. 一水硬铝石的热分解反应动力学 [J]. 中国有色金属学报, 2003, 13 (6): 1523~1527.

[10] 高振昕, 刘百宽, 贺中央, 等. 水铝石热分解的晶体形貌研究 [J]. 硅酸盐学报, 2011, 39 (10): 46~51.

[11] Fillali L, Tayibi H, Jimenez J A. Study of Transformation of Boehmite Into Alumina by Rietveld Method [A]. National Centre for Metallurgical Research, CSIC, Avda. Gregorio del Amo, 8, 28040, Spain.

[12] Li G, Smith R L. Synthesis and Thermal Decomposition of Nitrate-free Boehmitenanocrystals by Supercristical Hydrothermal Condition [J]. Materials Letters, 2002, 53 (3): 175~179.

[13] Tettenhorst R, Hofmann D A. Crystal Chemistry of Boehmite [J]. Clays and Clay Minerals, 1980, 28 (5): 373~380.

[14] Bratton R J, Brirdley G W. Structure-controlle Reactions in Kaolinnite-diaspore-boehmite Clay [J]. JACS, 1962, 11: 513~516.

[15] Chakraborty A K, Ghosh D K. Reexamination of the Decomposition of Kaolinite [J]. JACS, 1977 (2): 165~166.

[16] Chakraborty A K, Ghosh D K. Reexamination of Kaolinite to Mullite Reaction Series [J]. JACS, 1978 (3~4): 170~173.

[17] Chakraborty A K. Formation of Silicon-aluminum Spinel [J]. JACS, 1979 (3~4): 120~124.

[18] Duncan J F, Mackenzie K J D, Foster R K. Kinetics and Mechanism of High-temperature Reactions of Kaolinite Minerals [J]. JACS, 1969 (2): 74~77.

[19] 高琼英, 张智强. 高岭石矿物高温相变过程及其火山灰活化 [J]. 硅酸盐学报, 1989, 17 (6): 541~548.

[20] 李光辉, 等. 热活化过程中高岭石中铝的结构变化及酸溶特性 [J]. 硅酸盐学报, 2008, 36 (9): 1200~1204.

[21] 魏存弟, 马鸿文, 杨殿范. 煅烧煤系高岭石的相转变 [J]. 硅酸盐学报, 2005, 33 (1): 77~81.

[22] Полупояринов Д Н, Безносинов А Б. К Процессу Образования "Вторичного" Муллита [J]. Д. А. Н, СССР, 1955, Т. 100: 761.

[23] Kotsis I, Leventene K: Röntgenmikroanalytische Untersuchungen an Sekundären Mullit [J]. Silikattechnik, 1979 (11): 327~329.

3 烧结料与均化烧结料

烧结料即铝土矿原矿石经高温烧结后的块状或破碎的颗粒；而均化烧结料是指研磨的铝土矿细粉成坯后，经高温烧结而成的块状或破碎的颗粒，两者都是耐火材料级原料。无论是烧结料还是均化烧结料，都要经过如第 2 章所讲述的铝土矿组成矿物的热分解过程，后续反应是铝土矿致密化烧结，其完成的程度又取决于矿石的组成和结构。从工业实用的角度来说，致密化烧结的考核指标是显气孔率、体积密度和吸水率数值，进行更深层次的研究便发现，这些指标与矿石的宏观结构与烧结料的显微结构之间存在着必然的联系，只是在生产实践中缺少综合分析。

3.1 烧结料

3.1.1 致密度指标与显微结构

大工业生产用铝土矿烧结料尽管依据 Al_2O_3 含量的不同来划分级别，但每一级别均有一定的组成波动范围，不可能是理想的均匀状态，因此用以考核致密化烧结程度的显气孔率、体积密度和吸水率指标也就只是非均态显微结构的"平均值"，很难表征显微结构与致密度之间的关系。为此，应选择不同的、具有确定化学-矿物组成的块状原料，在恒定温度-时间条件下做对比分析。如取矿石结构均匀的 D-K 型的 4 种块度约 50mm 的矿石（分别用 A、B、C 和 D 表示，其化学组成见表 1-2）于马弗炉中在 1600℃ 条件下烧结 6h。计算得到烧结后样品的 Al_2O_3 含量（质量分数）分别为 87%、76%、79% 和 88%，相当于特级和 I 级熟料。实际测量的显气孔率、体积密度和吸水率见表 3-1。结果显示，致密度最高的是 D 料和 C 料，其 Al_2O_3 含量分别为 88% 和 79%。D 料的 Al_2O_3 含量高出 9%，自然体积密度最大，但显气孔率和吸水率却是 C 料最低。A 料和 D 料的 Al_2O_3 含量相当，但致密度相差明显，这表明致密度与 Al_2O_3 含量没有必然对应关系。B 料和 C 料的 Al_2O_3 含量相差不大，但致密度相差明显，也说明致密度与 Al_2O_3 含量没有绝对关系，因此致密度还受宏观结构和显微结构的均匀性的影响。

烧结料宏观结构与原矿之间存在某些相关性：烧结后 A 料变得较致密坚硬，表面为米色，中间部分为深褐色；B 料变得多层裂，这是影响致密度的主要因

表 3-1 宏观结构性能指标

样品编号	显气率/%	体积密度/g·cm⁻³	吸水率/%	Al₂O₃/%
A	7.9~9.2	3.13~3.17	2.5~2.9	87
B	16.9~18.1	3.07~3.10	5.4~5.9	76
C	2.7~4.6	3.21~3.28	0.8~1.4	79
D	4.7	3.44	1.3~1.4	88
均化料	0.8	3.38	0.2	88

素，因为测试体积密度、气孔率和吸水率的颗粒内包含了缝隙，也因多缝隙透气而致使 B 料全部呈现米黄色；C 料致密均匀但有裂纹，呈米色和褐色交织的形态；D 料致密均匀，中间为褐色，外表为米色。由此可以看出，致密的烧结料中间都是褐色，这是 TiO_2 含量的宏观标志，是因 Ti^{4+} 还原为 Ti^{3+} 之故。常规检验的显气孔率、体积密度和吸水率指标是生产工艺判断熟料质量的依据，但在某种情况下却不能真实地表征熟料的内在质量。B 料的显气孔率和吸水率数值受宏观结构的影响，被测试的 2~5mm 颗粒试样的体积实际上是包含了层裂缝隙的。理论密度与 Al_2O_3 含量之间是线性关系，实际上是与刚玉和莫来石之间相对比例的关系，而体积密度与 Al_2O_3 含量之间就不一定是线性关系，因为实测的体积中会包含数量不等的气孔。B 料和 C 料的 Al_2O_3 含量相差很小，显气孔率和吸水率却相差悬殊，显然是受宏观缺陷的影响。A 料和 D 料的显气孔率和体积密度相差很大，但 Al_2O_3 含量却相近，也是受宏观缺陷的影响，这些问题都有待通过显微结构分析来加以解释。值得关注的是，D 料的体积密度要比相同 Al_2O_3 含量的均化烧结料（Homog.）还要高。

这里，我们将从显微结构的角度来鉴别它们的特征。A 料~D 料的显微结构分别如图 3-1~图 3-4 所示，样品 A 料~D 料的放大图像分别如图 3-5~图 3-8 所示。

将以上 4 种样品在 1600℃、6h 热处理后，A 料显微结构如图 3-1 所示；B 料如图 3-2 表示；C 料如图 3-3 所示；D 料如图 3-4 所示。从图中可见，A 料和 D 料相似，皆由粒状刚玉组成。相对比较 A 料的刚玉晶体多在 5~30μm 而 D 料为 5~20μm，即 A 料的晶体较大，其中小于 10μm 的细小晶体占的比例较小，因晶体平面化程度较高，促进了沿晶断裂，所以晶间缝隙较宽，这与致密度较低有关。这种情况下不适合以刚玉晶体尺寸大小和平面化程度来评价显微结构的优劣，刚玉晶体发育的更完整可能与晶间结合密度存在某种矛盾。D 料中晶体较小但尺寸分布范围较宽，刚玉晶面发育不完整，微小晶体呈填隙结构，因此致密度高；B 料和 C 料相似，都为刚玉-莫来石两相共存结构，前者呈细晶结构，两晶

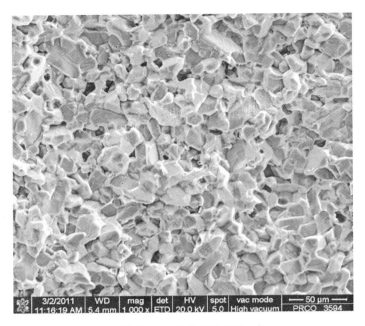

图 3-1   A 料的显微结构

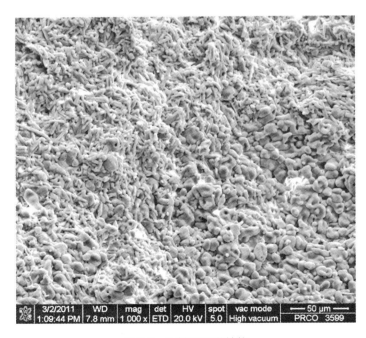

图 3-2   B 料的显微结构

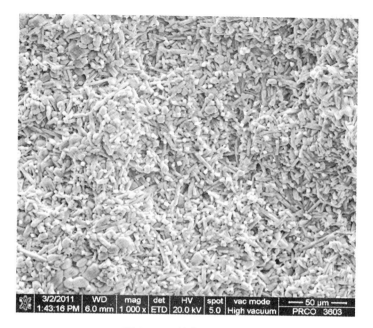

图 3-3 C 料的显微结构

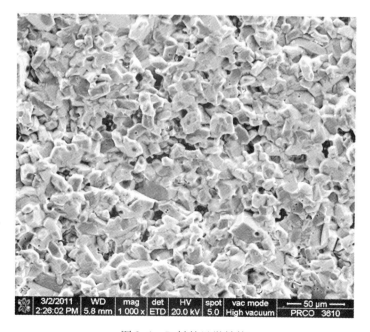

图 3-4 D 料的显微结构

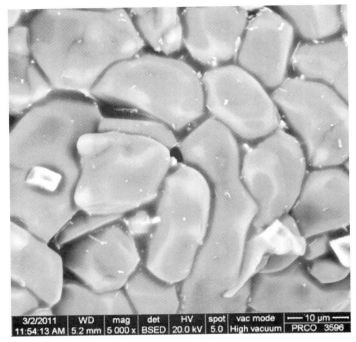

图 3-5 A 料的放大图像

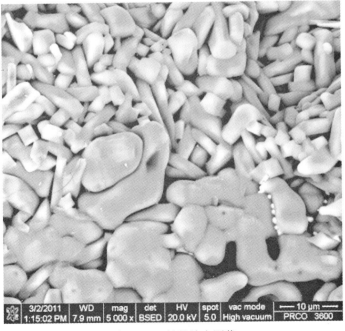

图 3-6 B 料的放大图像

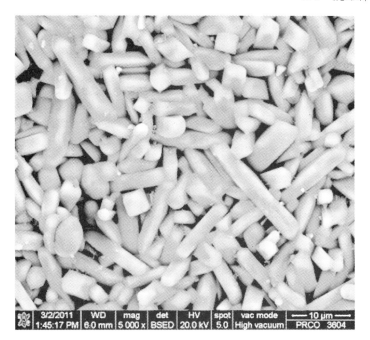

图 3-7   C 料的放大图像

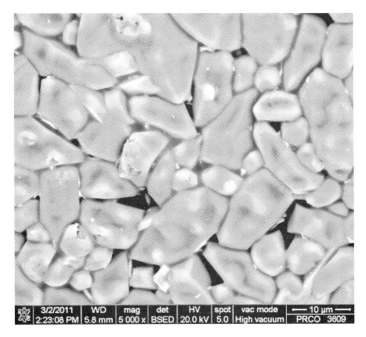

图 3-8   D 料的放大图像

体的分布不均匀，即刚玉富集区易收缩而莫来石区膨胀，但从图 3-2 和图 3-6 来看，并无明显的较大的气孔和较宽的缝隙。从显微结构的尺度衡量 B 料不及 C 料致密，但看不出致密度存在明显差异的迹象，这就表明，以宏观尺度表征的致密度与晶体结合状态的致密度并不完全一致。

烧结的基本现象是晶体生长和致密化。A 料的晶体生长相当完备，晶体的形貌与国内及国外生产的所谓烧结氧化铝（tabular alumina）相似，尺寸超过现在的水平，但不够致密化（T-氧化铝也不一定更致密）。之所以不能致密化，是因为原矿中水铝石的接触不够紧密，所以，不能机械地套用经典烧结理论认为它没有烧结。烧结铝土矿中的刚玉晶体的形状不像矿物学教材中描述的自形晶；而是不规则的粒状或浑圆形貌，即水铝石裂解行为决定的他形生长原则。在水铝石烧结温度范围内（1500～1600℃）可以实现晶体的聚集再结晶长大，直至部分晶面的平面化（趋向平衡）。

矿石中的杂质种类和数量对烧结行为会有一定影响，这 4 种样品的杂质性质和相对含量相近，杂质总量分别为 6.01%、5.37%、5.41% 和 4.70%。其中 A 料最多，主要是 Fe_2O_3 含量比其他样品高出约 1%，R_2O 总量也高达 0.97%，是 4 个样品中最多的，其他的常规杂质除部分的 TiO_2 会生成 AT 外，其他杂质不一定会生成新相，而是形成液相，原则上有助于局部液相烧结而致密化。从图 3-5 中可以清晰地观察到刚玉晶间的玻璃相薄膜状胶结形态，也因 Fe^{3+} 离子的固溶而促进刚玉晶体长大；然而，它没有杂质含量最少的且与 A 料氧化铝含量相当的 D 料致密。从相应的放大图像可见，A 料和 D 料堪称紧密的晶间结合状态，尤以 D 料的显微结构为最理想的晶体尺寸和分布，即范围广泛，大小晶体填隙致密。

3.1.2　工业生产烧结料的非均性

第 3.1.1 节讲述的是确定化学矿物组成、一定体积的某一块料的显微结构与致密度之间的关系，是一个典型特例，若与第 1.1 节相对比，将会进一步追溯到铝土矿矿石结构与烧结料显微结构-致密度之间的关系。当然，工业生产用的烧结铝土矿的组成是允许一定波动范围的，会包括不同的"典型特例"，因此研究起来相当复杂。

铝土矿烧结是确定的矿床开采的矿石经高温窑炉烧结而成的块状原料，具有致密度和结合强度。传统设备用竖窑和回转窑，前者适于烧结块度在 50～200mm 的矿石，后者适于块度小于 50mm 的碎矿。矿石的烧结程度用对应于 Al_2O_3 含量（原料的矿物组成）的体积密度与显微结构来评价，在工业生产实践中常简单地以体积密度数值来评价不同 Al_2O_3 含量原料的致密度。

工业烧结无论是用竖窑还是回转窑，都存在不易准确定量控制温度和均匀度，难以控制原料块度和烧结程度不一致性的问题。烧结铝土矿的宏观特征是原矿石构造的真实反映，如果知道原矿石的矿物组成和分布状态，便可预见烧结料的宏观和显微结构特征；反之亦然，于是便有了通过宏观检选来划分烧结料 Al_2O_3 含量等级的实践方法，即手工选料。

铝土矿是天然矿石，受沉积环境的影响，有些矿石比较纯净且结构分布均匀；而有些构造复杂且含较多杂质。与国外许多矿床相比较，我国铝土矿直接应用的比例是很高的，无需选矿处理可分别适用于耐火材料、陶瓷或炼铝工业等。过去，在某些场合受到片面理解"纯化原料"概念的影响，建立所谓的"严格"的选料标准，致使一些矿山将大量疏松的黑色"废料"弃之不用，造成的浪费令人痛心。

铝土矿块料烧结（以下简称烧结料）是主要的脊化方式，经济适用，而从我国国情出发，均化烧结只适用于鲕体结构、疏松的矿石和成分波动大的碎矿。有一种呈蜂窝状、以水铝石为主的矿石和高岭石胶结水铝石-高岭石多层鲕体构造的矿石，经均化烧结可获得显微结构均匀的优质原料。块状烧结原料没必要追求显微结构均匀，存在一定范围的混级也并无大碍。过分要求耐火原料和制品的纯化是一种误导概念，更不能要求烧结铝土矿在显微尺度上均匀。

3.1.2.1 刚玉质烧结料

刚玉质烧结料的宏观特征（如颜色、硬度、致密度等）常可表征 Al_2O_3 含量和烧结程度，但因矿石结构的复杂性，又很难获得准确的相关性，需要通过显微结构分析来加以佐证。以 I 级料为例，烧结料经破碎后，显现为米黄色、棕红色、褐色和黑褐色不等的类型。从生产线上取得 $5 \sim 10mm$ 的颗粒，如图 3-9 所示，这些颗粒或粗糙或致密，在放大镜下分选可得 6 种颗粒，如图 3-10 所示。

将根据图 3-10 划分的 6 堆料分别测试化学组成，结果见表 3-2。1 号、2 号和 3 号料呈深度不同的棕红色，用放大镜观察发现 1 号料略显粗糙，其化学组成中铁、钛含量均不多，而 Al_2O_3 含量最高，达到 89.59%。2 号、3 号料的化学分析结果也没有显示出明显的差异，它们的 Al_2O_3 含量都大于 85%，都属于特级料范畴。宏观呈现棕红色也并不表示颗粒中 Fe_2O_3 含量一定高。铝土矿烧结后显现的颜色不只与铁、钛氧化物有关，还与有机质（如生物化合物元素 S、P、C 等）有关，即受沉积环境的影响。5 号、6 号料的 Al_2O_3 含量高达 88% 以上，呈棕褐和黑褐色，传统概念认为这是因为矿石中 TiO_2 含量高且致密不透气，使得 Ti^{4+} 被还原为 Ti^{3+} 的效果；然而，化学分析表明其 TiO_2 含量并不高，不过 6 号料略显粗糙，其 Fe_2O_3 含量最高，达到了 1.84%。可见，烧结料呈黑褐色与 Fe_2O_3 含量高有密切关系，应该是 TiO_2 和 Fe_2O_3 的综合效应。两种极端颜色的 1、5 和 6 号料具有最高的 Al_2O_3 含量。

图 3-9　破碎的烧结铝土矿颗粒

图 3-10　烧结铝土矿颗粒宏观特征分类

表 3-2　烧结铝土矿颗粒分类的化学组成（质量分数）　　　（%）

试样编号	SiO_2	Al_2O_3	Fe_2O_3	TiO_2	CaO	MgO	K_2O	Na_2O	I. L.
1	5.48	89.59	0.61	2.83	0.58	0.04	0.10	0.03	0.35
2	8.73	86.27	0.65	3.29	0.19	0.25	0.24	0.01	0.1

试样编号	SiO$_2$	Al$_2$O$_3$	Fe$_2$O$_3$	TiO$_2$	CaO	MgO	K$_2$O	Na$_2$O	I. L.
3	9. 54	85. 18	0. 67	3. 21	0. 44	0. 24	0. 14	0. 02	0. 3
4	16. 05	79. 39	0. 56	3. 01	0. 19	0. 23	0. 17	0. 02	0. 2
5	6. 03	88. 56	0. 99	3. 17	0. 28	0. 07	0. 17	0. 06	0. 22
6	5. 00	89. 00	1. 84	3. 14	0. 17	0. 07		0. 04	0. 22

值得注意的是，呈米黄色的较细腻、致密但有少许微裂纹的 4 号料，其 Al$_2$O$_3$ 含量最低，为 79.34%，也相当于 I 级料。杂质含量很少是这些原料的特点，除 TiO$_2$ 在 3% 左右外，其他杂质含量均很低，除 6 号料外，其他样品的 Fe$_2$O$_3$ 含量都在 1% 以下。尤其是样品的 R$_2$O 总量都小于 0.25%，堪称高纯铝土矿原料。

A　宏观特征与显微结构

烧结料的显微结构是指刚玉、莫来石和经化学反应生成的共生相的数量、晶体尺寸和形状及其分布状态。就某一块料（尺寸大于 50mm）或某一粒料（尺寸大于 1mm）的显微结构而言，都有可能存在相组合不均匀的情况，这是由水铝石-高岭石和伴生矿物的赋存状态决定的。

上述 6 种不同宏观特征的 5～10mm 大小的颗粒是同一矿区的特级铝土矿烧结后破碎而成的耐火材料级原料，依据 Al$_2$O$_3$ 含量来看，除米黄色的 4 号料 Al$_2$O$_3$ 含量较低外，其余原料的 Al$_2$O$_3$ 含量全都大于 85%。研究宏观特征、化学组成的差异在显微结构上会有何等反映，应是十分有趣和具有实际意义的，因此将 6 种颗粒逐一进行扫描电镜观察。

1 号料的赤褐色程度较深，在放大镜下观察其表面较为粗糙，意味着晶体较大并且存在较多孔隙，宏观特征表现为结构较疏松。低倍率电镜下观察显示出刚玉晶体之间比较均匀地分布着封闭式微孔，与宏观结构相对应，中间部位孔隙较多。由图 3-11 可见，刚玉晶体为 10～20μm 的多面体，呈直边（平面）结合，因而限制了晶体长大，刚玉晶间还分散有少量钛酸铝（AT）。该料的钾、钠含量很低，不易形成显量液相。

5 号、6 号料都呈黑褐色，宏观特征都很粗糙，尤其是 6 号料最为粗糙。两种料的 Al$_2$O$_3$ 含量都大于 88%，都属于特级料，杂质以 TiO$_2$ 和 Fe$_2$O$_3$ 为主。如图 3-12 所示为宏观很粗糙的料的低倍结构，其中较大的刚玉晶体达到 50～60μm，刚玉晶间夹杂较多的钛、铁铝盐复合的固溶体，晶间均匀地分布着微孔。宏观结构较为致密的料，刚玉晶体较小，尺寸都小于 20μm，如图 3-13 所示为刚玉晶体的直边结合形貌。

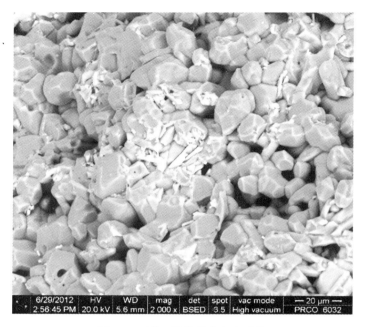

图 3-11　刚玉晶体的大小和形状

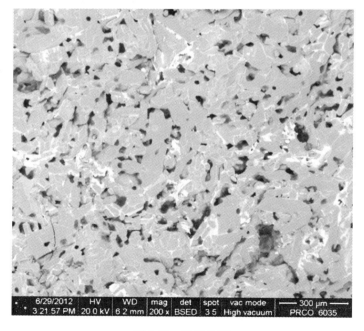

图 3-12　微孔分布

图 3-13　刚玉晶体形貌

以上两例均显示以刚玉为主相，虽然都具有比较均匀的显微结构但却又有所不同，表明即使 Al_2O_3 含量相近的、同为黑色的料也有一定的差异。结构较疏松的料因有自由空间，更适于刚玉晶体长大，如图 3-14 中在孔隙区域结晶的刚玉，都呈现为完整的、自形化的粗大晶体。多晶材料往往存在晶体长大、自形化与致密化之间的矛盾，因此经典理论中所讲的烧结过程中晶体生长和致密化作为烧结的定义是有条件的。对比放大倍率相同的图 3-13 和图 3-14 可见刚玉晶体大小的差别。

黑色料中有些 Al_2O_3 含量偏低的颗粒呈现不均匀结构，局部结晶出莫来石聚集区域，意味着矿石中水铝石和高岭石共生。从图 3-15 中可以清晰地鉴别出致密的莫来石区域（右上部）和多微孔的刚玉区域（左下部）；而图 3-16 显示的却是微区刚玉和莫来石共生结构。当具备足够的发育空间时，两种晶体都会生长到很大的程度，同理，在致密化烧结的情况下，晶体相对细小，彼此紧密结合，如图 3-17 所示。

以上分析结果显示的是同一矿区的铝土矿刚玉质原料的晶体尺寸、形状的不均匀性，这是必然的现象，工业生产的同一级烧结料不可能是均一的。耐火材料的制造者和使用者必须掌握这样的原则，因此也不应该要求以铝土矿制造的制品

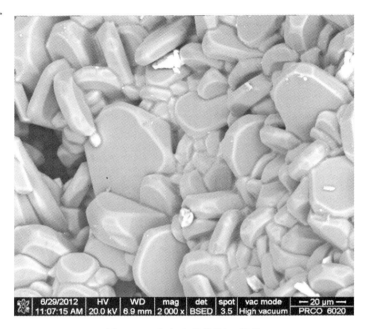

图 3-14　自由生长的刚玉晶体

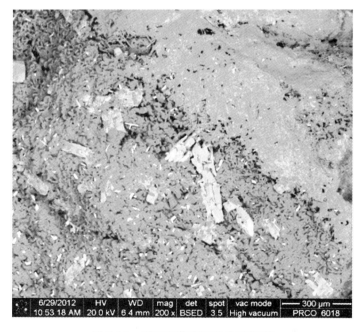

图 3-15　刚玉和莫来石的分区赋存

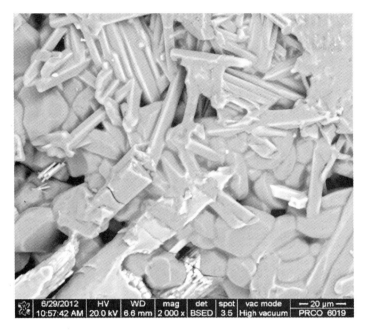

图 3-16　刚玉和莫来石共生结构

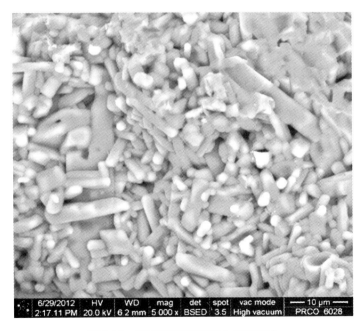

图 3-17　刚玉和莫来石彼此紧密结合

达到显微结构的高度均匀。

B 刚玉的晶内、晶间气孔

烧结铝土矿中的刚玉晶体的形状不像矿物学教材中描述的自形晶，而是呈粒状的浑圆形貌，即遵循水铝石裂解行为决定的他形晶生长原则。对于水铝石烧结（1500℃左右）而言，可以实现晶体的聚集再结晶长大，直至晶面的平面化（趋向平衡），但很难实现致密化。水铝石转变为刚玉会产生约13%的体积收缩（体积分数），造成晶间气孔，晶体聚集长大时气孔被包裹在内，如图3-18所示。刚玉从初始状态的小于100nm的微粒，生长到近20μm的浑圆状晶体，包裹于其中的气孔无论温度升高到何种程度也不会排除，除非进行熔融重结晶。之所以Al_2O_3含量（质量分数）接近90%的熟料的体积密度只有3.4~3.5g/cm³而不是3.7~3.9g/cm³，就是因为存在封闭式晶内、晶间气孔。

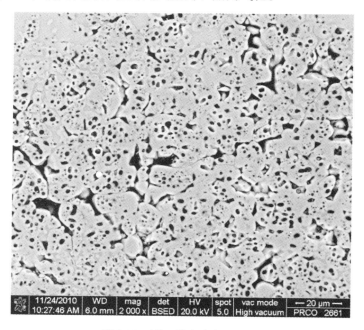

图3-18 刚玉晶内多微孔结构

这里应弄清再结晶和重结晶的不同概念，再结晶是指固相反应，浑圆状刚玉晶体曲率半径大的消失，而曲率半径小的长大，有时可发育到50~100μm，但仍是非自形晶，称为聚集再结晶；而在局部杂质富集区的多元液相中析出微细的短柱状刚玉，是重结晶过程的产物。在局部液相烧结的情况下，有时还出现片状β-Al_2O_3晶体和六铝酸钙（CA_6）晶体。

　　前面提到含铝量更高的疏松状水铝石质铝土矿，经煅烧后仍然很疏松。此类熟料中的刚玉晶体可发育到 $40 \sim 50 \mu m$，甚至达到 $100 \mu m$ 以上，晶内很少包裹气孔，但晶间气孔巨大，甚至形成贯通气孔，因此难以致密化。如图 3-19 所示的显微结构可见晶间的巨大气孔。致密型的全刚玉质熟料同样包裹一些封闭式气孔，如图 3-20 所示，在同一放大倍率下与图 3-19 比较，明显可见气孔较少。在抛光片中晶体紧密结合的边界不易显示，但可通过孔洞观察 3D 形貌，刚玉均呈不规则粒状，因此有自由生长空间，晶体表面有平面化趋势。晶体尺寸多在 $20 \mu m$ 以内，晶面一旦平面化，聚集再结晶长大就受到限制（晶面曲率半径差是晶体聚集长大的动力），除非达到近熔点的烧结温度或有液相参与。

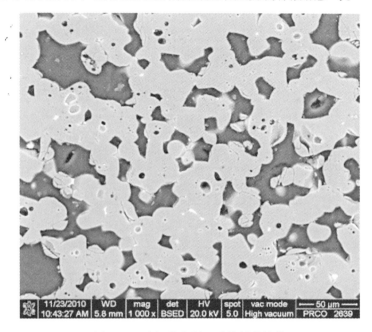

图 3-19　疏松状全刚玉质熟料的结构

3.1.2.2　刚玉-莫来石质烧结料

　　烧结料的不均匀结构在刚玉-莫来石质原料中表现的比较明显，如一种典型的 Ⅱ 级烧结料的主要组成为：Al_2O_3 69.2% 、SiO_2 24.6% 、MgO 2.4% 、TiO_2 2.9% 、Fe_2O_3 1.0% ，相当于莫来石的组成，但因矿石中水铝石和高岭石分布不均匀，在原块料烧结的条件下，呈现复杂结构。如图 3-21 所示为低倍断口形貌，呈现出因收缩或膨胀造成的层裂以及致密和疏松的分异结构，将 A、B 两区域的界限清晰地划分开来。A 区域除存在少量封闭气孔外，异常致密，经高倍率观察

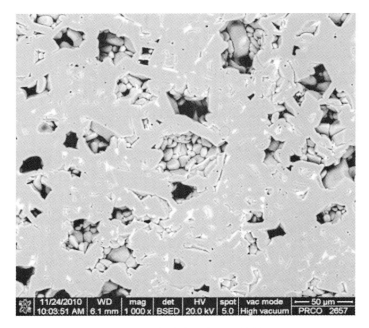

图 3-20 较致密型全刚玉结构

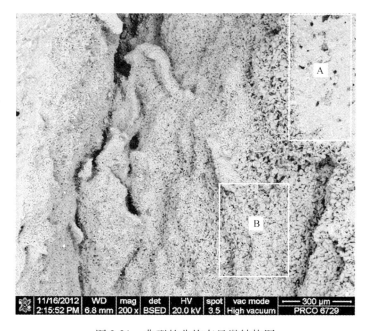

图 3-21 典型的非均态显微结构图

发现粒状刚玉被玻璃相紧密结合，如图 3-22 所示。A 区域的 Al_2O_3 含量高达 80.3%，刚玉晶体生长至 $20\sim30\mu m$；玻璃相占据的区域尺寸也可达 $10\mu m$ 范围，可供 EDS 精确地测试其组成，结果见表 3-3。A 区域主要组成为 $MgO\text{-}Al_2O_3\text{-}SiO_2$ 系，与原料组成中含较多 MgO 相吻合，其他组分如 P、K、Ca 等元素和大部分 Ti、Fe 共同形成多元液相，而刚玉只固溶少量 Ti 和 Fe。

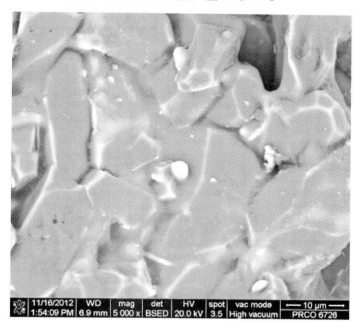

图 3-22　刚玉晶体被玻璃相胶结

表 3-3　非均态结构的微区组成（质量分数）　　　（%）

区　域	MgO	Al_2O_3	SiO_2	P_2O_5	K_2O	CaO	TiO_2	Fe_2O_3
全　样	2.4	69.2	24.6				2.9	1.0
刚玉区域	3.2	80.3	14.5	0.5			1.5	
两相区域	2.8	71.4	23.0			0.7	2.1	
莫来石区		69.2	26.5				2.9	1.3
玻璃相	15.8	23.0	52.2	3.3	1.2	1.0	2.4	1.2
	17.1	19.0	49.2	7.3	1.0	1.7	3.1	1.6
刚　玉		98.2					0.9	0.9

B 区域为相对疏松的结构，存在较多的空隙，但仔细观察便可发现，该区域仍包含致密和疏松的分异结构，如图 3-23 所示，刚玉为主相的区域比较疏松；

而相对致密的区域却是莫来石-刚玉两相的共生结构。如将该局部结构放大观察，便呈现出平行柱面与垂直柱面的柱状莫来石晶体的交织分布状态，晶间结合相当紧密，如图 3-24 所示。可鉴定出莫来石长柱状晶体长度可达 $30\mu m$，横截面尺寸约 $3\mu m \times 3\mu m$，晶体随机生长。该莫来石聚集区即是矿石的水铝石和高岭石均匀分布的区域，烧结后变为异常均匀、致密的刚玉和莫来石两相结构。

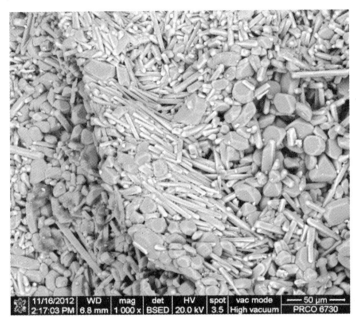

图 3-23　致密堆积的刚玉-莫来石组合

另有部分区域为全刚玉组成，Al_2O_3 含量达 98.2%，晶体呈不规则等粒状，晶间结合紧密，几乎无玻璃相。

当水铝石中混有少量高岭石呈均匀分布时，属于反应烧结过程，生成适量莫来石填充于粒状刚玉晶间或者是少量粒状刚玉填充于柱状莫来石晶间，反而会变得相当致密。

前已述及，组成范围宽广的 II 级料因水铝石和高岭石分布均匀程度的不同，致使烧结后的熟料中刚玉和莫来石的共存状态变得很复杂。当两矿物分布十分均匀时，形成全莫来石化或刚玉-莫来石紧密结合，甚至形成包晶结构，如图 2-29（第 2.4 节）所示。

两相共存最紧密结合的类型便是低铝莫来石或含少量玻璃相的莫来石与多孔型刚玉颗粒之间的相互反应，形成致密的莫来石环带。这是包括互扩散、固溶和晶体生长过程的复杂型二次莫来石化反应，如图 3-25 所示。在反应带内没有玻

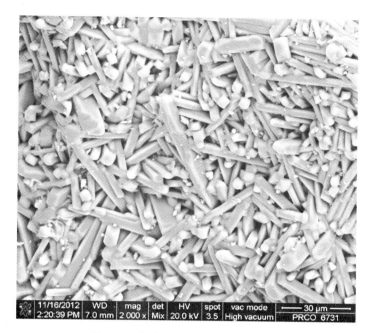

图 3-24 紧密堆积的莫来石柱状晶体

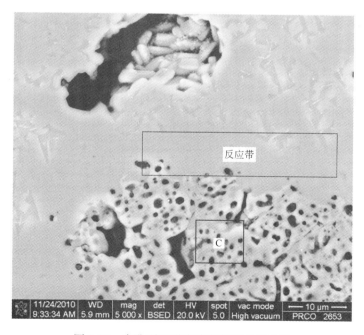

图 3-25 多孔刚玉形成致密莫来石反应带

璃相，测定的组成（质量分数）为：Al_2O_3 70.2%、SiO_2 28.2%、TiO_2 1.0%、Fe_2O_3 0.6%，这里的含微孔的粒状刚玉（图中 C 区域）就是包晶反应形貌；而在可见晶间玻璃相的莫来石的组成（质量分数）为：Al_2O_3 65.7%、SiO_2 32.0%、TiO_2 1.3%、Fe_2O_3 0.8%、K_2O 0.2%。这种所谓的不均匀结构和如图 2-29 所示的包晶反应是最理想的，可部分地促进致密化。

综上所述，主要是高铝组分的、以烧结原块状铝土矿生产的烧结料的显微结构特征，或结构均匀、致密，或结构不均匀、欠致密；而那些 Al_2O_3 含量在 50% ~ 60%、以玻璃相结合莫来石的烧结料，却相当均匀。那些铝含量很高，但结构疏松的原矿石和烧结料在宏观外形上有一定的关联性，可用肉眼加以识别。

对此，有人提出了对结构复杂、疏松的铝土矿进行均化烧结的处理意见。然而，这一技术措施曾被错误地理解，有人选择铝含量高的、致密的矿石粉碎，成坯，再烧结，并误称为"均化料"。

3.2　铝土矿的均化烧结

铝土矿均化烧结概念是 1957 年 12 月在古冶林西矿召开的"全国高铝耐火材料会议"上由郁国城先生最先提出的。针对结构复杂的、胀缩不一的块状原料不易致密化烧结的问题，设想仿照水泥工艺中熟料制备工艺的原料均化、成球、烧结流程来实现均化烧结。但在讨论中有人提出了质疑，认为"矿石经研磨、成坯破坏了岩石亿万年成矿的自然致密度和强度"。这种意见也有道理，但出发点不同，若不为选矿提纯，就不应破坏矿石结构；但若矿石结构疏松、复杂，就不存在破坏岩石结构的问题了。会议对铝土矿均化烧结没有形成任何决议，事后便无人问津了。直至 30 余年后的国家科技"八五攻关"期间，铝土矿均化烧结被列入耐火材料子项中的一项付诸实施。其实，均化烧结并不是新技术，只是综合利用原料的一种常规措施，笔者在 1956 ~ 1957 年所做的实验就是为了研究铝土矿均化烧结[1]，以粉末状原料研究烧结反应。在会议之前，将显微分析结果提供给郁先生，说明不存在"Ⅱ级料不易烧结"的问题。所以，如何评价其适用范围和性价优势，是个值得深入探讨的问题。

3.2.1　均匀度概念

首先应该弄清一个概念，即用什么尺度来衡量均匀度（homogeneity）。这正是之前首先探讨烧结铝土矿显微结构多样性的缘由，因为只有了解到铝土矿的矿石结构和烧结变化，才可考虑均化烧结的衡量尺度、可行性和必要性。

物质的均匀度可用不同的尺度加以表征：肉眼观察到的均匀属于宏观均匀；显微结构的均匀度是指相分布的均匀性；而晶体的原子排列规则是微观结构的均匀性。宏观均匀度不好衡量，只是定性概念，所以，我们讨论的是显微结构尺度的均匀度。显微结构尺度的均匀度是个定量参数，是以沃罗诺伊（Voronoi）图（一种古老数学方法）建立的方程表征的，即：

$$HP_q = \sigma_q / \mu_q$$

式中，σ_q 为标准差；μ_q 为平均值。显微结构均匀度 HP_q 是无量纲参数，q 可表示为面积 a 或长度 l，即有 HP_a 和 HP_l 两种表示形式，数值愈低愈均匀，就是说，标准差愈小愈均匀。Voronoi 作图不难但很麻烦，但如今有了模型软件就很方便了。所以，在显微镜和电镜下测定显微结构均匀度很容易，用显微照片也可以，但也只适用于单相和两相材料。其中单相材料考核晶体尺寸分布；两相材料考核晶体毗邻度。合金和工程陶瓷行业要研究显微结构均匀度，因为它影响精细的力学、电学性质等指标。常规耐火材料并不一定要求显微结构均匀，特别是复合耐火材料，有些可以定量表征均匀度，有些则不能。

　　用铝土矿制造的耐火材料不可能达到显微结构尺度上的均匀，即使采用均化料也只能是相对的、有限的均匀，在许多局部区域依然实现不了相分布均匀。

　　笔者曾解释过一等高铝砖显微结构的不均匀性，在一块砖里划分出了七、八种相组合类型[2]，说明这种制品不均匀的必然性。毕竟铝土矿是天然原料，生产出的是结构粗放型制品，考核制品的均匀度要从具体的使用条件出发。我们讨论铝土矿的均化，也只能是粗略的；若是按照上述显微结构均匀度的定义去考核烧结铝土矿和高铝砖，那就行不通了。当然，若将样品假设为两相材料，定量地评价气孔分布的 HP_q 值，还是可行的。

　　1957 年提出均化烧结时并无定量指标和具体措施，主要是将结构疏松、复杂的原料中膨胀的部分与收缩的部分平均一下，促进致密化烧结。将结构疏松的水铝石、多鲕体结构的水铝石-高岭石混杂料共同进行湿法或干法粉碎，成坯烧结，获得刚玉-莫来石两相熟料，以实现铝土矿均化烧结的宗旨。前段时间笔者曾对铝土矿均化烧结问题提出了一些看法[3]。

　　另一种均匀度概念是指宏观尺度的物体排布的均匀，如铝土矿的宏观均化是指矿石的均匀堆放，即平铺切取、人字形分布等[4,5]，属于矿山管理和工艺设计范畴[6,7]；而铝土矿的均化烧结则属于显微结构范畴。2009 年，魏同等[8]评述了"我国铝土矿的均化与提纯问题与教训"，指出了在均化料设计和生产方面的浪费和混乱状态，明确均化的对象是低档的混级料和碎料以制取莫来石质熟料。其实，早在 1962 年便由 W. H. Hawkes[9]实践了以铝土矿为原料烧结合成莫来石。20 世纪 90 年代，湖南辰溪生产的"全天然莫来石"便是铝土矿均化烧结的一种产品。

　　至于铝土矿的提纯问题，在国外确有实践，是指对低档次且含杂质较多的矿石用化学法萃取水铝石[10]。这主要是根据原料资源和矿床构造来考虑在性价比上是否合算，存在争议。

3.2.2 均化料的显微结构

所谓均化料是铝土矿经研磨成细粉后成坯烧结的产物，其烧结反应的完全程度和显微结构的均匀程度，显然要取决于细粉的粒度分布。在通常情况下粉碎到 $50 \mu m$ 以下的全粒级，虽然不能期望反应完全和均匀，但是，会使大部分富集的低熔相分散开来，导致液相均匀分布。

3.2.2.1 不同组成的均化料

最近，笔者研究了几种不同厂家生产的市售均化熟料，厂家都宣称是高档原料的质量水平。对 4 种料编号为 A、B、C、D 并进行对比分析，化学分析结果表明，A、B 和 D 3 种料的 Al_2O_3 含量（质量分数）均在 88% 以上；Al_2O_3 含量（质量分数）较低的 C 料也达到 83.55%。说明这些产品都是以特级铝土矿为起始原料生产的，有悖于前述均化烧结的宗旨。4 种均化烧结料的宏观特征基本上都是一样的，机压成型或挤泥成型的呈砖坯状，外表棕黄色，内部黑褐色，细腻均匀，似瓷断面，与特级、Ⅰ级天然矿石烧结料相似。内部黑褐色是 Ti^{4+} 被还原为 Ti^{3+} 的效应，意味着原料煅烧时结构致密、不透气；但是，Al_2O_3 含量相差 5% 左右的均化烧结料在显微结构上却存在着迥异的特征。

4 样品的化学-相组成见表 3-4。图 3-26 ~ 图 3-29 所示分别为 4 种均化烧结料的气孔分布。

表 3-4   均化料的化学-相组成（质量分数）（XRF-EDS）   （%）

样品编号	Al_2O_3	SiO_2	R_2O	CaO	TiO_2	Fe_2O_3	MgO	P_2O_5	SO_3	气孔率	相组成
A	88.28 (92)	4.80 (1.6)	0.48	0.25	3.67	1.80	0.22	0.53	0.01	6	刚玉、钛酸铝、玻璃相
B	89.80 (94)	3.5 (1.7)	0.43	0.22	3.49	1.92	0.07	0.34	0.01	15	刚玉、钛酸铝、玻璃相
C	83.55 (84)	9.98 (9.7)	0.41	0.38	3.0 (3.8)	1.99 (2)	0.61	0.36	0.01	3	刚玉、莫来石、钛酸铝、玻璃相
D	88.53 (91)	4.73 (2.9)	0.64	0.21	3.72 (3.9)	1.77 (1.5)	0.06	0.37	0.01	11	刚玉、钛酸铝、玻璃相

注：括号内数字为光片表面经 10% HF 处理 30 秒后的 EDS 测试结果，属于表面显微分析结果。

表 3-4 数据表明，这些均化烧结料所含杂质的数量相当于原矿石和烧结料的水平，意味着这些均化料未经提纯处理，只是原矿磨细再烧结，说明这些料的原矿石本为较纯的好料，根本无需再均化烧结。其中的 R_2O、RO 和 Fe_2O_3 等杂质经矿石研磨而均匀化，易于形成液相冷凝后成为玻璃相。从图 3-26 ~ 图 3-29 中

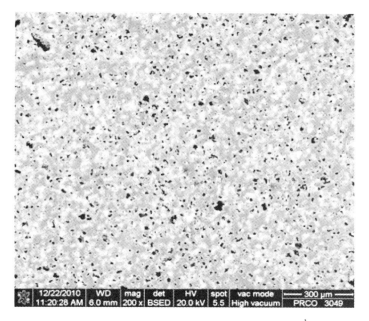

图 3-26 A 料的气孔分布（200 倍）

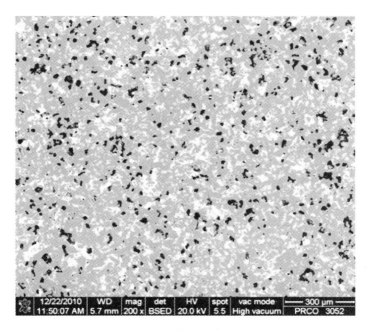

图 3-27 B 料的气孔分布（200 倍）

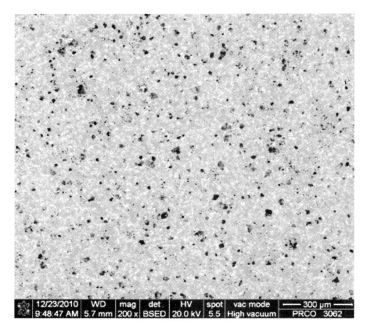

图 3-28   C 料的气孔分布（200 倍）

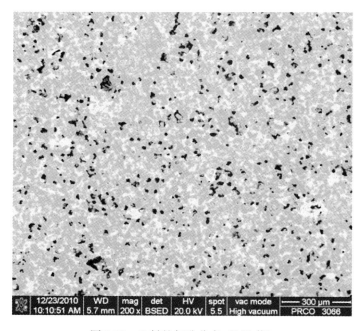

图 3-29   D 料的气孔分布（200 倍）

的低倍显微图像可见，4 种样品的 AT 和封闭式气孔的分布与烧结料相比相对均匀，即指大结构尺度上的均匀。相比较而言，A 料的气孔细小、均匀、间距小，但数量多；B、C 料反之，数量少且致密；而 D 料与 B 料相似。

按显微结构图像法测试的气孔率结果也一并列入表 3-4 中，其中刚玉-莫来石两相结构的 C 料气孔率最低，仅为 3%；而 B 料和 D 料的气孔率分别为 15%和 11%（体积分数）。这些数据与显微照片所显示的低倍结构是相符的；但是，按常规方法测试显气孔率，4 样品却无很大差别，均不到 1%（体积分数）。这是由于用阿基米德原理测试的气孔率和吸水率不包括封闭式气孔，所以说，常规检验结果对考核烧结致密化缺乏实际意义。

光片经 10% HF 于 20℃下处理 30s 以溶掉绝大部分玻璃相，相对提高了 Al_2O_3 含量。就 EDS 表面分析可见 SiO_2 含量显著减少，其减少的百分含量相应为 67%、53%、3% 和 39%。这就意味着 A 料、B 料和 D 料的玻璃相含量很高，蚀像后玻璃相被溶解，拍摄的 2D 图像非常清晰，如图 3-30 ~ 图 3-32 所示，刚玉晶体之间的自结合率已很低。而 C 料的 SiO_2 含量相对变化极少，意味着生成的玻璃相含量很少，大部分 SiO_2 生成莫来石，如图 3-33 所示。该均化料最大特点为刚玉和莫来石两相结构，表征出刚玉-刚玉和刚玉-莫来石两种固相的结合率很高。

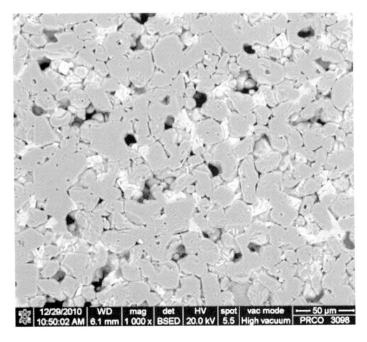

图 3-30　A 料的显微结构

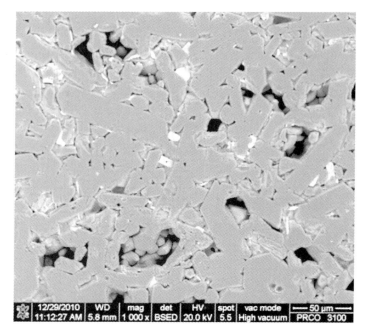

图 3-31　B 料的显微结构

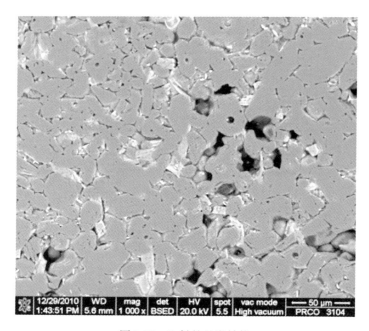

图 3-32　D 料的显微结构

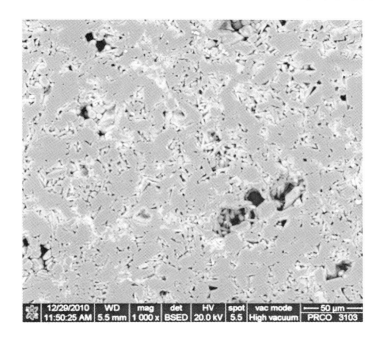

图 3-33 C 料的显微结构

就 4 种均化烧结料的 Al_2O_3 含量和相组成而论，它们明显地构成了两种不同的显微结构类型，A 料、B 料和 D 料的化学组成和显微结构有共同性，主晶相只有刚玉；而 C 料含有莫来石，因此以 C 料和 D 料为代表深入分析如下：

由图 3-34 可见，C 料中粒状晶体为刚玉，柱状晶体为莫来石，固溶 TiO_2 含量（质量分数）为 3.0%，Fe_2O_3 含量为 0.8%，其组成见表 3-5，两相共存组合可获得真实的高致密度，而且很少见玻璃相。

表 3-5 相的化学组成（质量分数）（%）

相组成	样品编号	Al_2O_3	SiO_2	TiO_2	Fe_2O_3	$R_2O + RO$
刚　玉	A	98.0		0.6	1.4	
	D	98.3	0.7	0.4	0.6	
玻璃相	C	44.9	43.2	2.7	4.8	2.0
	D	25.7	55.2	1.3	8.2	9.7
钛酸铝	A	53.3		43.0	3.8	
	D	51.7	0.8	43.5	3.9	
莫来石	C	74.3	21.9	3.0	0.8	

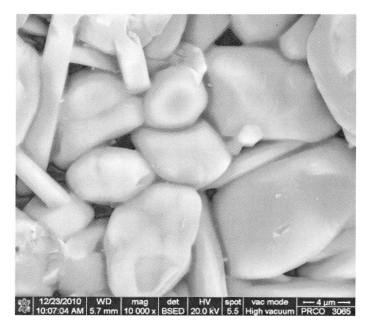

图 3-34   刚玉-莫来石共存结构

以当前人们追求高 Al_2O_3 含量的角度来看，D 料应当为高档原料，图 3-35 清晰地显示出了刚玉的晶体是由玻璃相胶结的，并且还清晰地显示出了刚玉晶体的尺寸、形貌特征和与气孔之间的相界状态。刚玉最大晶体达 $20\mu m$，多呈穿晶断裂，表明液相与刚玉之间的润湿性好，冷凝为玻璃相后结合的强度高。通过刚玉晶体结合的 3D 形貌可观察到固-固、固-液和固-气三种界面。图中区域 1 表示刚玉晶体；区域 2 为刚玉黏附玻璃相；区域 3 为气孔。气孔呈不规则状，最大者达 $30\sim40\mu m$，比原块料的大一些。气孔是消除不了的，常规检验项目显示显气孔率和吸水率均远小于 1% ，但封闭气孔测不出来。

电镜分析没有发现 D 料中含莫来石，XRD 检验也没有发现莫来石，这与玻璃相含量较高有关，估算玻璃相含量（质量分数）约为 10%；钛酸铝的含量为 7% ~8% 。从原料的化学全分析看，杂质的种类和数量均与特级块料相当。若如此，则原矿石本身就是较好的原料，若非结构疏松根本无需粉碎均化烧结。特级铝土矿的 TiO_2 含量（质量分数）为 3% ~5% 是正常现象，当它形成钛酸铝时就不算太有害的杂质；但它也有相当一部分构成了玻璃相的组分，见表 3-5，虽然矿石中的 K_2O、Na_2O 是形成玻璃相的重要成分，但也溶有钛和铁。在杂质富集区形成的钛酸铝会固溶许多其他组分。

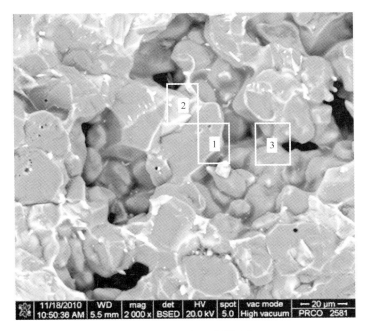

图 3-35 刚玉表面黏附液相

3.2.2.2 相同组成的均化烧结料的不均性

以上结果显示铝土矿 Al_2O_3 含量与均化烧结料显微结构的关系，即刚玉-玻璃相组合与刚玉-莫来石组合材料的显微结构和致密度差异。值得关注的是，致密度与 Al_2O_3 含量之间的关系并不存在确定的相关性，并不像想象的那样，玻璃相结合的刚玉质均化烧结料会更致密。那么，同一厂家于不同时间生产的相同 Al_2O_3 含量的材料的均匀度和致密度是否会受工艺条件的影响而有所差异呢？我们选取了用低 R_2O 含量铝土矿生产的 3 批均化烧结料作对比分析，化学组成见表 3-6。3 种料的组成接近，皆为 85 级均化料，各种杂质的波动范围不大，尤其是 R_2O 含量都小于 0.2%。

表 3-6 同组成均化烧结料的化学组成 （%）

样品编号	SiO_2	Al_2O_3	Fe_2O_3	TiO_2	CaO	MgO	K_2O	Na_2O	P_2O_5	SO_3	MnO
1	8.29 (9.4)	85.3 (86.3)	2.08 (0.9)	3.38 (3.4)	0.29	0.14	0.12	0.12	0.17	0.06	0.06
2	8.38 (7.0)	85.78 (87.2)	1.44 (1.3)	3.6 (4.5)	0.27		0.15	0.11	0.2	0.03	0.05

样品编号	SiO$_2$	Al$_2$O$_3$	Fe$_2$O$_3$	TiO$_2$	CaO	MgO	K$_2$O	Na$_2$O	P$_2$O$_5$	SO$_3$	MnO
3	7.17 (9.7)	86.13 (85.7)	1.98 (0.7)	3.6 (3.9)	0.26	0.25	0.15	0.17	0.18	0.03	0.07

注：括号内数据为 EDS 面分析结果（1.5mm×1.0mm），不包括杂质形成的玻璃相。

制备光片用来测定区域的主要组成并与 XRF 分析数据作对比，然后用 10% HF 蚀像 5min 以充分溶掉玻璃相，以便测试刚玉、莫来石和 AT 的组成并观察被玻璃相包裹的其他晶相的特征。

图 3-36 ~ 图 3-38 所示分别为均化烧结料低倍显微结构表征微孔分布。尽管 3 批料的化学组成相近，但从图 3-36 ~ 图 3-38 低倍结构照片中却可发现它们在结构上的明显差异，如果仔细观察会发现，AT 在基质中呈团聚状不均匀分布，尤以 1 号料最为明显，但 1 号料相对比较致密，气孔较少且小；2 号料的气孔较多且较大，与主成分 Al$_2$O$_3$ 的含量和杂质没有明确关系。因为是市售的同一厂不同生产期的产品波动，探讨不出它们之间差异的因果关系，之所以出现组成不均的现象，主要还是生料研磨的细度不够，不能把金红石（锐钛矿、板钛矿或钛铁矿）磨细、均散。在一小块样品上随机取不同的测试区域来（如 1.5mm × 1.0mm 的区域）测试其组成，可分辨出富钛区、多孔区和致密区的组成差异，

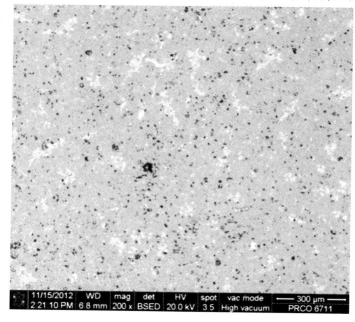

图 3-36　1 号料低倍显微结构

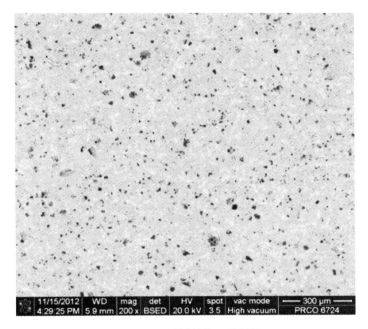

图 3-37　2 号料低倍显微结构

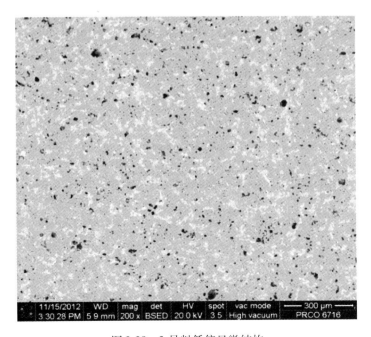

图 3-38　3 号料低倍显微结构

见表3-7。另两块样品也同样如此，而且，几乎所有的均化烧结料都存在这种显微结构不均匀现象，可见并不存在显微结构均匀的均化烧结料，只能说封闭气孔分布的相对均匀。

表3-7   均化料的不均匀组成   （％）

测 试 区 域	Al_2O_3	SiO_2	TiO_2	Fe_2O_3
富 AT 区域	82.7	8.3	7.6	1.5
多孔刚玉区域	97.1	1.3	1.6	
致密均匀区域	88.8	9.5	1.8	
莫来石	71.3	25.7	3.0	
刚 玉	99.1			0.9
AT	52.5		44.1	3.4

如图3-39和图3-40所示分别为刚玉和莫来石的结晶形貌，前者显示出刚玉表面纳米台阶群；后者显示出莫来石柱状晶体的不同切面。

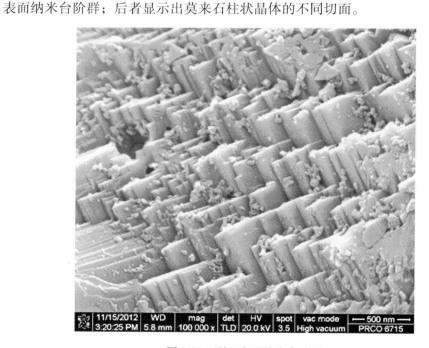

图3-39   刚玉表面纳米台阶群

研磨细度对均化料的烧结程度肯定是有影响的，如用实验室制样研磨机研磨铝土矿使其细度小于5μm（相当于水铝石晶体的尺寸），确可达到致密化烧结，体积密度达3.6g/cm³；但即便如此，均化烧结料中仍有未反应的TiO_2颗粒。而

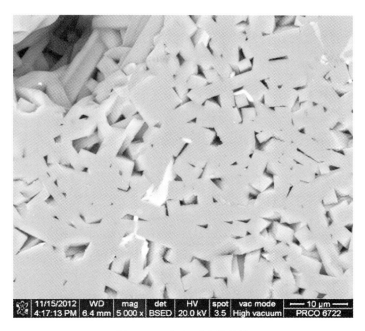

图 3-40　莫来石柱状晶体

且，工业化生产的粉碎设备要达到磨矿细度小于 $5\mu m$，恐怕也不太现实。

　　铝土矿原料中的夹杂矿物呈非均态分布，在原始状态下烧结生成的反应产物依旧为非均态分布，它们可能是具有较高熔点的氧化物或化合物（如 ZrO_2、AT、MA、M_2S 及其固溶体），也可能是低熔点含铁相和玻璃相。相对于主晶相刚玉和莫来石而言，它们的正效应或负效应均在局部起作用，对原料的使用效果的影响并不显著。一旦将铝土矿磨细，夹杂矿物被分散开并在一定程度上均化、彼此混合，即将形成液相填充于主晶相之间。刚玉质均化料的缺陷是使赋存于不均匀状态（晶间、粒间三角区）的低熔物均匀分散于所有晶间，以薄膜状液相包裹刚玉，减少了固-固结合率（或称降低平衡二面角）。例如，以刚玉质颗粒为主的体系中，含有少许低熔颗粒，则易蚀损的只是体系的局部；倘若将其均化，将使整个体系弱化，这个过程就好比"癌细胞扩散"一样。在杂质含量一定的条件下，两相材料的显微结构优于单相材料，这就比单纯追求高 Al_2O_3 含量的观念有所改进。因为时下的均化烧结工艺不包含原料提纯，所以不会减少杂质的数量。为了显示均化烧结料的优越性，卖上高价钱，厂家竞相挑选铝含量最高的、纯净的、均匀的原料去粉碎均化烧结；而此类好矿石以原块烧结便可获得高致密度。如表 3-1 中的块料 D 体积密度达 $3.44g/cm^3$ 比同为 88% Al_2O_3 含量的均化烧结料（体积密度为 $3.38g/cm^3$）还要高，即为明证。均化烧结料的致密度之所以与理论密度相差甚远，是因为含有很多的封闭式气孔。

不加拣选的块状料烧后的显微结构会呈现出疏松状的刚玉质熟料结构和玻璃相胶结的致密结构，这两种典型结构都是不好的；若将它们混合磨细均化烧结，则演变为"致密的玻璃相胶结"的均化烧结料，也未必就是好的。

前面提及显微结构均匀度概念，我们要讨论的核心问题是，常规耐火材料是否需要考虑何种尺度的显微结构均匀度？这个问题不能简单地回答，应当视具体条件而定。单就铝土矿烧结而言，像湖南的天然料合成莫来石，就需要实现晶间（微米级）均匀度，因为它有确定的指标（标准）要求；而对于用来生产高铝砖和不定形材料（含预制件）的熟料来讲，似乎没有必要晶间均匀。对于不均匀体系材料而言，颗粒在基质中（毫米级）均匀分布并紧密结合就足够了。当前市售均化烧结料的显微结构主要是显示玻璃相和封闭气孔的相对均匀，还谈不上相分布均匀，依旧存在富集相区和疏松区。

由于对 Al_2O_3 含量大于 85%（质量分数）的熟料的需求量过多，人们想到了"选矿提纯"措施，试图富集水铝石。众所周知，水铝石和高岭石之间虽存在密度差，似乎可以浮选；但因结晶微细（特别是高岭石为亚微米至纳米尺度），因此很难以机械方法使之分离。重液分离是不可行的，而酸溶解化学提纯法更不适宜，虽可将 Al_2O_3 含量提高几个百分点，但会造成大量"尾矿"浪费资源，得不偿失。国外有铝土矿酸法选矿工艺，是针对杂质含量高（10% ~ 30%）的低档原料的[10]，在缺乏原料资源的条件下可以采用，而中国铝土矿无需选矿。20 世纪 60 年代初，英国 Cawood Wharton 公司用铝土矿制造烧结莫来石，纯度并不高，Fe_2O_3 含量达到 1.80%，但莫来石含量却高达 95.5%，这是因为 Fe、Ti 离子可以部分地固溶于莫来石晶格中。当然，它属于低档合成莫来石。

在以 Al_2O_3-SiO_2 系为基的材料中，人们追求 Al_2O_3 含量极高的熟料的理念是基于对化学性质的考虑，认为可提高耐侵蚀性，这是微观尺度的概念；但并不意味着可以提高致密度和高温力学（热态抗折、抗热震、抗蠕变）性能。在很大程度上，显微结构起着关键的作用。从本研究的均化烧结料来看，它们的外观特征几乎完全一样，难以分辨，即都是均匀、"致密"、质脆似瓷。就 Al_2O_3 含量和显气孔率、吸水率指标来看，也堪称上乘原料；但其封闭气孔率很高且刚玉晶间玻璃相较多。相比之下，Al_2O_3 含量略低的刚玉-莫来石两相材料既致密又只含较少玻璃相，性能更好。

50 多年来，铝土矿烧结产业多为分散式经营，规模小，设备欠佳，普遍存在"大块矿石烧不透，小块碎矿不便烧"的技术经济问题。均化烧结可以解决"小块碎矿不便烧"的问题。但若将致密、均匀的大块料也粉碎、成坯再烧结，就不合理了，这实际上既降低了原料品质又增加了用户的成本，不符合供需双赢、节约能源的原则。由于均化烧结料的晶体几乎全部由玻璃相胶结，因此产品的强度很高，很难破碎。而且，破碎出的颗粒（5～1mm 粒级）形状多呈棱角状和片状，不利于不定形耐火材料对混合物料堆积密度和流变性的要求。

所以，生产均化烧结料要从实际使用条件和性价比两方面来综合考虑。那些原本均匀的水铝石原矿，还是以块料煅烧为宜，既能保证质量，又降低了成本。对待铝土矿的均化烧结不能盲目追风，也不宜全盘否定，一切都需从性价比角度出发。

参 考 文 献

[1] 高振昕. 高岭石-水铝石质礬土在烧结中的变化 [J]. 硅酸盐，1957，1（1）：61～65.

[2] 高振昕. 电炉高铝砖炉顶渣蚀层的显微镜观察 [J]. 金属学报，1980（4）：480～484.

[3] 高振昕. 铝土矿的烧结与均化烧结 [J]. 耐火材料，2011，45（4）：12～18.

[4] 宋美轩，侯柄毅，魏战河. 铝土矿均化方式改进效果比较分析 [J]. 四川有色金属，2004（3）：11～13.

[5] 郑备战，侯柄毅. 铝土矿均化方式的改进 [J]. 湿法冶金，2005，24（2）：95～96.

[6] 张翼，许启明，刘百宽. 孝义铝土矿煅烧及碎料的均化烧结利用 [J]. 耐火材料，2005，39（6）：448～451.

[7] 高雄，张巧燕，方斌祥，等. 工艺参数对两种贵州高铝矾土烧结性能的影响 [J]. 耐火材料，2011，45（1）：41～45.

[8] 魏同，吴运广. 我国高铝矾土的均化与提纯实践 [J]. 耐火材料与石灰，2009，34（2）：4～9.

[9] Hawkes W H. The Production of Synthetic Mullite [J]. Trans. Brit. Ceram. Soc.，1962（11）：689.

[10] Shumskaya L G，Yusupov T S. Chemical Processing of Low-grade Bauxites on the Basis of Activation Grinding. Part 2 Acid Opening of High-silicon Diaspora-boehmite Bauxite with Aluminum Extraction into Liquid Phase [J]. J Mining Science，2003，39（6）：610～615.

4 高温反应新生相

第 3 章所讲铝土矿的烧结和均化烧结，主要是指铝矿物分解相变为刚玉和与黏土矿物相互反应生成莫来石的过程，随着温度的升高，促使反应进行完全以达到预期的致密化。这是铝土矿烧结反应的主体过程，然而，烧结过程还伴随着杂质矿物参与反应生成新的结晶相或液相的形式各异的、复杂的反应过程，内容丰富。这些高温下生成新相的反应过程会在一定程度上影响烧结料的显微结构，进而影响到化学性能及高温力学性能。当然，作为一种耐火原料而言，也许对最终产品的宏观结构和性能不至于有太大的影响；但作为铝土矿烧结机制的重要现象是不能被忽视的，弄清这些问题不只对生产工艺有实际意义，也具有重要的学术意义。

铝土矿的伴生矿物的种类、形态和分布是不均匀的、无规律的，在烧结过程中基本上是受局部反应控制，反应产物也是多种多样的。从第 1 章论述的各矿区、各类型铝土矿的化学组成数据和显微结构分析结果中，依据专业学科知识储备，可以预测杂质矿物在烧结过程中的作用。在本章中将分别介绍主要的新生相的生成机制、形貌特征和与主晶相的分布关系。特别关注均化烧结料中所谓"均匀液相"的非均态析晶现象，这是处于纳米尺度的分相行为，在过去不曾注意到。

4.1 钛酸铝

铝土矿的杂质组分中最主要的是 TiO_2，且有随铝矿物比例增大而增多的趋势，除 D-K-R 型铝土矿 TiO_2 含量较多外，一般类型铝土矿的 TiO_2 含量都在 2%～4%。TiO_2 常以金红石、锐钛矿、板钛矿和钛铁矿形式存在，无规律的与铝矿物伴生。当进行高温处理时，两者会发生化合反应，其反应完全程度取决于反应物的界面状态。

4.1.1 Al_2O_3-TiO_2 系化合物

Al_2O_3-TiO_2 系的相关系早在 1932～1933 年就被 E. N. Bunting 研究过[1]，确认该系存在化合物 AT（即 Al_2TiO_5，Tialite），其组成的质量分数比为 $TiO_2/Al_2O_3 = 44/56$，熔点 1860℃。现被广泛引用的相图是 1952 年由 S. M. Lang 等建立的，与 Bunting 的研究结果相比没有太大改变，只是补充了 1820℃ 为 AT 的 β→α 相变

点，1820℃以上为 α 型，以下为 β 型。1999 年，M. Kischen 和 C. de Capi 经计算验证了他的相图，只是将熔点改为 1854℃。

在相图册中可以查到十余份 Al_2O_3-TiO_2 相图，基本上是 Bunting 的画法；但 1966 年，A. M. Lejus 发布的 Fig. 4376 号相图显示在 1150℃ 等温线以下为 TiO_2 + Al_2O_3 两相共存。这种画法通常表征为 TiO_2 + Al_2O_3 两个固相要在 1150℃ 以上的温度才可反应生成 AT。在现有的 Al_2O_3-TiO_2 相平衡图中不乏这种画法，也可理解为 AT 在低于 1150℃ 时分解为 TiO_2 + Al_2O_3。

早年有关钛酸铝基本性能的研究，始见于 1953 年 B. A. Брон 的苏联科学院报告[2]。在有关性能和应用方面 AT 也引起众多研究者的关注[3~7]，特别是 Thomas 和 Stevens[8] 做了系统的文献综述，介绍了有关 AT 的合成工艺和性能。钛酸铝的高熔点和轴向异性膨胀是备受关注的基本性能，国外早有从事合成刚玉-钛酸铝复合材料的报道，所获制品具有一系列高性能指标，如低膨胀性、低导热性、高熔点、高强度、化学稳定性、良好的耐热震性和与钢水的不润湿性等。在国内，近年也开发了莫来石-钛酸铝两相组合制品[9]。AT 的更重要的应用价值是在工程陶瓷领域，如用于制造柴油和汽油发动机的排气口衬套以改善热效率，还可用于活塞顶和涡轮增压器衬垫等。当然，它在中温阶段的共析分解和轴向异性膨胀导致微裂纹，也是存在的问题（另行研究）。

有文献报道，AT 在较低温度（如低于 1200 ~ 1300℃）时的热力学性能不稳定[10]，会以共析相变式分解成刚玉和金红石，影响烧结和结构强度。Kato 等[10] 用 $Al(OC_3H_7)_3$ 和 $Ti(OC_3H_7)_4$ 盐在 700 ~ 1300℃ 合成 β-Al_2TiO_5，利用 XRD 分析升温过程的相组成，在 900℃ 以下只有刚玉和金红石；而在 1270 ~ 1295℃ 温度范围内是否生成 β-Al_2TiO_5 取决于升温速率，当以慢速（5℃/min）加热时，由于刚玉和金红石结晶发育而使 β-Al_2TiO_5 的生成受到抑制；当以快速加热时，在 1250℃ 便可形成 β-Al_2TiO_5。故认为在较低温度下生成的 β-Al_2TiO_5 为介稳态，随着恒温时间的延长，发生平衡反应 β-Al_2TiO_5 ⇌ Al_2O_3 + TiO_2（分解）。Kato 等[10] 的文章是以简报的形式发表的，未见 XRD 原始数据，也没有其他检验加以佐证。他的理念依据是引自 1952 年 Lang S M 等的文章。1987 年，Freudenberg B 等做了固相反应实验，即以小于 1μm 粒级的化学纯氧化铝和氧化钛粉末，在 1300℃ 下恒温 1h、2h、5h 和 100h 进行反应动力学试验。采用 XRD、SEM 做了详实鉴定，展示了精美的显微结构图像。生成的 AT 呈板柱状晶体随时间的延长而长大，在晶内形成 TiO_2 和刚玉包裹；在晶间也有填充 TiO_2 和刚玉的细节，这意味着经 100h 也反应不完全。这样的显微结构也容易被误读为 β-Al_2TiO_5 的"共析分解"。Freudenberg 在文中引证了 Kato 等的文章[10]，但未提到 β-Al_2TiO_5 的分解。Tsetsekou[11] 引证了一些关于 β-Al_2TiO_5 分解和 Fe_2O_3、MgO、SiO_2、ZrO_2、La_2O_3 等可使其稳定的文献，特别是 Fe_2O_3 和 MgO 可有效参与 AT 的合成反应以消除

β-Al_2TiO_5 分解的影响。在 1600℃ 以下做了加入物试验，试验内容相当广泛。Ibrahim[12] 也指出，添加 MgO 可合成稳定的 β-Al_2TiO_5。Preda[13] 采用溶胶法合成钛酸铝，以热分析和 XRD 法表征生成相组成，同样表示 MgO、SiO_2、Fe_2O_3 有矿化作用，可惜没有显微结构鉴定内容。Preda M 等[14] 为了克服 AT 在 1200 ~ 1300℃ 温度范围内的共析（eutectoid）分解，在合成中添加 MgO 和 Fe_2O_3，发现会形成二元（AT-FT）或三元（AT-FT-MA）固溶体。

Tilloca[15] 指出，AT 的热稳定性受晶格中 Al^{3+} 被 Fe^{3+} 置换程度的影响，在固相反应的条件下，可用化学式 $Al_{(1-x)2}Fe_{2x}TiO_5$（$0 < x < 0.2$）表征固溶体组成。在 AT 晶体构造中，铁离子影响晶格常数并影响材料的催化效应，少许固溶铁离子（$x = 0.1$，$Fe_2O_3 = 8\%$）可强化热稳定性且膨胀系数与 AT 相差不大。固溶体的机械强度虽比纯 AT 低一些，但可借微晶化得到改善。从显微结构分析中可以观察到，在 1500℃、15h 条件下合成的纯 AT 在 1000℃、100h 条件下热处理时，晶体表面有"溶蚀"现象，被认为是共析分解。同样在 1500℃、15h 条件下合成的固溶体的晶体尺寸粗大、晶面完整，表征了 Fe^{3+} 的催化作用。

Naderi 等[16] 在合成 AT 中添加滑石以引入 Mg^{2+}，发现 Mg 固溶于 AT 中。Naderi 等借助于 XRD 和 SEM-EDS 分析指出生成三元新相并形成 $Mg_{0.3}Al_{1.4}Ti_{1.3}O_5$ 和 $Mg_{0.6}Al_{0.8}Ti_{1.6}O_5$ 固溶体。该文在准确度上尚值得置疑，因为显微图像过于粗糙，而且，引入滑石也会引入 Si 元素，会生成液相。

1974 年，C. R. Green 和 J. White[17~18] 建立了新的 TiO_2-Al_2O_3-SiO_2 系相图，研究了在平衡条件下刚玉、莫来石、钛酸铝和玻璃相之间的相关系以及 TiO_2 在莫来石和刚玉中的固溶问题。研究指出，在 TiO_2-Al_2O_3-SiO_2 系中莫来石的 Al_2O_3 含量为 69.4% ~ 74.7%，TiO_2 含量为 2.4% ~ 6.0%，随温度升高，TiO_2 固溶量增加，相图见图 4-1。

如图 4-1 所示，在平衡条件下，当组成点在刚玉相区时，在达到包晶点 P_1（1718℃）之前为刚玉-莫来石（固溶体）。在包晶点为刚玉-莫来石 s. s. -钛酸铝三相共存。如果出现过冷现象，则将形成玻璃相：若 $SiO_2/TiO_2 > 0.5$，为刚玉-莫来石（固溶体）和玻璃；若 $SiO_2/TiO_2 < 0.5$，则为刚玉-钛酸铝和玻璃相[19]。关于 TiO_2 在莫来石中的固溶量范围，早年文献上有过诸多报道，大多认为只在 2% ~ 3%。1983 年 B. A. Устиненко 等[20] 的试验又证实莫来石只能固溶少于 4% 的 TiO_2，莫来石晶格增大；TiO_2 多达 6% 时，将生成 AT。2000 年，З И Кормщикова 等[21] 研究了烧结铝土矿（波美石 + 高岭石）的显微结构的形成，特别注意到 TiO_2、Fe_2O_3、MgO 等杂质的作用，指出在铝土矿中存在的含 Ti 相固溶体可表示为如下化学式：

$$(Al_xTi_yFe_z)_2(Mg_kCa_mTi_n)O_{5-\delta}$$

式中 $x = 0.46 ~ 0.72$；$y = 0.156 ~ 0.44$；$z = 0.02 ~ 0.14$；$k = 0.01 ~ 0.22$；$m =$

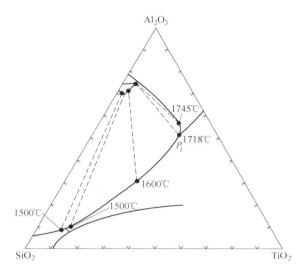

图 4-1　TiO₂-Al₂O₃-SiO₂ 系相图（C. R. Green，J. White）

0.015～0.02；$n = 0.78～0.90$；$\delta = 0.001$（非化学计量指数）。Al 离子被 3 价 Fe、Ti 置换；而 4 价 Ti 被 Ca、Mg 置换，形成氧空位。AT 阻碍刚玉长大，而 AT 促进刚玉基质的自增韧作用表现在断裂行为和阻止裂纹扩展上。

　　以上这些研究都是针对合成钛酸铝过程中的热力学稳定性问题，进而验证钛酸铝陶瓷在热历史过程中于较低温度范围的共析相变。

4.1.2　钛酸铝的组成与分布

　　我国铝土矿的伴生矿物中有较多的氧化钛组分，或为金红石、锐钛矿、板钛矿，或为钛铁矿，因围岩的风化、搬运而沉积于铝土矿中，其赋存数量和分布状态并无严格规律。在以水铝石为主矿物的铝土矿中，常表现为水铝石含量愈高，伴生矿物金红石或锐钛矿愈多，以 TiO₂ 形式计算，含量为 2%～5%[22]；而在 D-K-R 型矿石中 TiO₂ 含量最高可达 10%～16%[23,24]。TiO₂ 相在铝土矿中的分布呈现均匀或富集的不同状态，将决定铝土矿的烧结反应行为：（1）与初生态刚玉反应完全，合成计量的钛酸铝；（2）反应不完全而生成组分不定的非计量化合物 Al₂₋ₓTiₓO₅；（3）部分地固溶于刚玉和莫来石晶格中；（4）部分参与形成液相。所有这些都预示着 TiO₂ 组分在铝土矿烧结过程中表现出不同的行为，对烧结材料的性能起着不同的作用。人们从不同的角度来评价这个问题，从纯学术角度讲，研究 TiO₂ 相的形态和分布可以表征相间反应机制；但就生产实践而言，作为非均态体系的耐火材料而言，似乎并不太关注如此细微的显微结构特征，而只是强调铝土矿的 Al₂O₃ 含量、粒间结合状态和基质结构，因为钛酸铝毕竟是有益的高温相。然而，某些定形和不定形耐火材料中铝土矿熟料颗粒的极限尺寸常为 5 ~ 6mm，甚至更大，由于它已不再是小结构单元，因此其相分布状态对侵蚀行为的影响是有重要意义的。所以，研究 AT 的组成和分布状态对研究高铝系耐火材料的使用效果是很必要的。

烧结后的含 TiO_2 铝土矿的相组成是不能计算的，因为含钛矿物为重矿物搬运、沉积的，在水铝石之间的分布有些是均匀的，但更多是不均匀分布，也有富集的情况，它不一定具有平衡反应的条件。只有通过细致的显微结构分析，特别是形貌观察和微区分析，才能探明真谛。这不只具有理论意义，更有实用价值，值得深入研究。

水铝石受热（520 ~ 560℃）分解后变为"水铝石假象"[25]，虽然仍保持水铝石晶体外形，但却具有刚玉晶格构造，随着温度逐渐升高至 1000℃ 以上，便形成可分辨的纳米级粒状刚玉晶体。这时会产生 12% ~ 13%（体积分数）的体积收缩，当温度升至 1400℃ 以上时，刚玉晶体长大至 2 ~ 3μm，体积收缩达到 14% ~ 15%（体积分数），这将导致刚玉晶体之间形成缝隙。当这些高活性 α-Al_2O_3 与相邻的含钛矿物接触反应，就生成钛酸铝，在 1400℃、3h 热处理条件下反应完全。图 4-2（a）所示的图像是含钛相不均匀分布和刚玉晶体之间存在较多孔隙的显微结构。含钛相的组成取决于反应物的表面接触状态，该图显示了互扩散反应的组成差异：区域 1 表示近刚玉区的 AT，其组分测试结果为：Al_2O_3 54.4%、TiO_2 44.7%、Fe_2O_3 0.9%，Al/Ti 原子比为 24.4/12.8，几乎是计量组成的 AT。区域 2 的组分为：Al_2O_3 32.8%、TiO_2 65.3%、Fe_2O_3 0.1%，Al/Ti 原子比为 15.6/19.8，为非计量不平衡相，EDS 分析结果如图 4-2（b）、图 4-2（c）所示。两区域的晶粒尺寸均大于 10μm，可以准确地测定点的组成。如果逐一测试每个生成相，各组分含量波动范围很大，这是不均匀体系反应物局部接触状态下互扩散过程的必然结果，是不能借相平衡图进行演绎、计算的。如图 4-3 所示显微结构为同一放大倍率下拍摄的图像，生成相呈不规则粒状，晶粒尺寸小于 20μm 并与刚玉均匀分布且紧密结合。EDS 测试结果表明，绝大部分晶体接近于 AT 计量组成。

Fe_2O_3-TiO_2 系的二元化合物为 Fe_2TiO_5（FT），与 AT 构造相似，两者可形成互溶。如图 4-4 所示为典型的富钛区域，从照片中含钛相灰度值上便可定性地判别出组成的差异，经 EDS 测量不同晶体的组成得出如下结果（质量分数）：Al_2O_3 38.0% ~ 52.5%、TiO_2 35.3% ~ 47.7%、Fe_2O_3 11.3% ~ 22.4%，足见固溶范围之广。图 4-5 为典型晶体的 EDS 谱图。Szabo 等[26] 用 XRD 法研究了以钛酸铝为基的 Fe_2O_3-Al_2O_3-TiO_2 系陶瓷材料的固溶关系。通过测定晶格常数，发现在 $Fe_{2x}Al_{2(1-x)}TiO_5$ 组成中当 Fe^{3+} = 0 ~ 1 时，即 Fe_2TiO_5 和 Al_2TiO_5 完全互溶，只引起晶格常数变化。当然，有些部位也会生成较纯的单相 Al_2TiO_5。

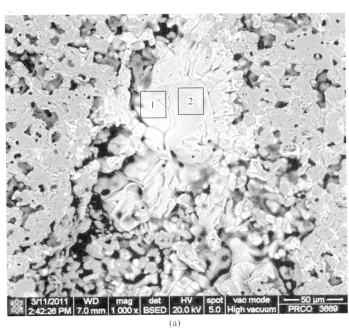

(a)

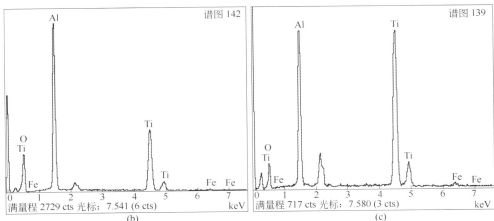

(b)　　　　　　　　　　　　　　(c)

图 4-2　刚玉晶间的含钛相不均匀分布及 EDS 谱图

（a）刚玉晶间的含钛相不均匀分布；（b）区域 1 中各组分的 EDS 谱图；

（c）区域 2 中各组分的 EDS 谱图

Preda M 等[27]以化学纯氧化物在 1250～1350℃ 范围内研究了 MA-AT-FT 假三元系统的亚固线平衡关系，根据 XRD 检验结果确定，依组成点在该系统的位置，

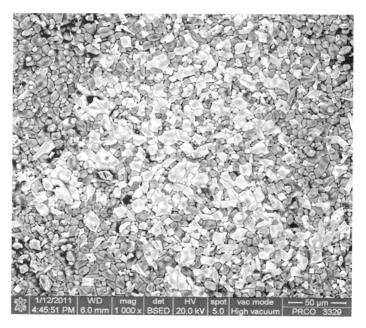

图 4-3　刚玉-钛酸铝（AT）均匀、密集分布的显微结构

图 4-4　Al_2TiO_5-Fe_2TiO_5 系固溶体

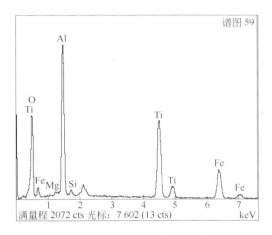

图 4-5 AT-FT 固溶体 EDS 谱图

会在不同温度下形成四元固溶体（Mg，Fe，Al）$_2$TiO$_5$。Nabhizadeh 等[28] 介绍了伊朗 Bigglar 地区高钛铝土矿在大气气氛和还原条件下的烧结行为，煅烧料组成（质量分数）为：Al$_2$O$_3$ 64.8%、SiO$_2$ 21.7%、TiO$_2$ 12.15%、Fe$_2$O$_3$ 1.13%、R$_2$O 0.54%，与我国四川原料中的部分原料品级相当。在还原条件（含石墨）下加热，TiO$_2$ 还原为 Ti$_8$O$_{15}$（1300℃）和 Ti$_5$O$_9$、Ti$_3$O$_5$、TiO、TiN 或 TiC（1600℃）。在大气气氛下加热和冷却，AT 是稳定相，但在还原条件下，AT 分解成刚玉、金红石和 Ti$_3$O$_5$。同时，低铝莫来石变为高铝型（Al$_{1.7}$Si$_{0.15}$O$_{2.85}$）。反应过程中没有涉及固溶问题，电镜分析简单。

2005 年 Norberg 等[29] 分别在两种期刊上发表同一文章，称发现了新晶体 Al$_6$Ti$_2$O$_{13}$。Norberg 等利用弧像炉（arc imaging furnace）熔融法研究了该系试样，该方法可以使物料的小区域熔融，以物料本身作坩埚而回避了常见的固态反应扩散问题以及与坩埚材料之间的反应，可以合成均匀的试样以供单晶 XRD 分析之用。最终得到了 2～3mm 的球状样品，将其粉碎并在光学显微镜下观察，发现部分碎屑无色透明，部分呈淡蓝色透明和深蓝色透明。说明各种碎屑的厚度和光性方位不同或者可能是因为组分不匀、包含了未均熔的颗粒。通过 EDS 分析表明，试样的组成相当于 Al$_6$Ti$_2$O$_{13}$。作者做了 XRD 和 EDS 分析，但均未展示原始数据，因此不便考证。就组成而言，Al$_6$Ti$_2$O$_{13}$ 与 Al$_2$TiO$_5$ 之差在 Al$_{2-x}$Ti$_x$O$_5$ 组成范围之内；若就试验方法而言，作者的描述表明试样未得均熔，发现新相之说值得谨慎对待。

4.1.3 钛酸铝的结晶形貌

烧结铝土矿中的刚玉晶体并非结晶学教材中所描述的三方系自形晶形状，而是不规则粒状，在特殊情况下可发育成柱状。同样，AT 也不具备自范性生长条件，都因没有自由生长空间。但在高倍率下观察 AT 晶体的 3D 形貌，却可发现晶体生长的结构细节。

图 4-6 即为 AT 密集区的显微结构，为在 10000 倍率下观察到的 AT 的台阶生长形貌，由该图可见，晶体表面呈曲台阶形貌。而图 4-7 所示的晶面特征却呈现出奇异的微晶（小于 100nm）取向堆积现象，是在 50000 倍率下发现的特征形貌，它与周围的刚玉之间界线分明，无明显互溶现象。过去几十年里研究 AT 的赋存形式，未曾观察到如此细微尺度。经 EDS 分析结果表明，AT 的组成基本上为计量值，即 Al/Ti = 25.3/12.1，比值近似为 2，可固溶少许 Fe 离子，见图 4-8。

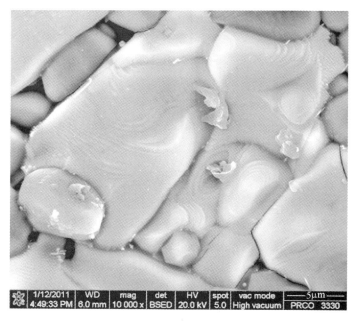

图 4-6　钛酸铝晶面的台阶生长形貌

在结构疏松的部位 AT 可生长为粗大的柱状晶体，横截面宽度达 $50\mu m$，其表面是平整、光洁的；但在晶体发生断裂的情况下，便发现晶体内部却是微细晶体的取向生长特征。如图 4-9 所示为 AT 晶体的光洁柱面和顶角的断裂面，在 10000 倍率下可清晰地展示出晶体生长的细节，如图 4-10 所示。这些细柱的横截面尺寸小于 $1\mu m$，其间尚可见有缝隙，而在下部区域逐渐充实。

烧结铝土矿中赋存的 AT 及其固溶体或均匀分布于刚玉晶间，或呈不同程度的富集，分布没有规律。在与刚玉或莫来石共生的条件下，多与刚玉晶体结合或

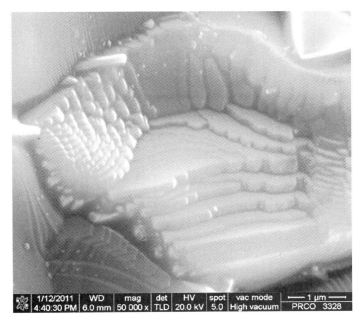

图 4-7　由微立方体紧密堆砌的台阶群

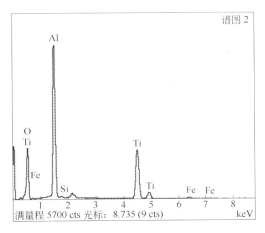

图 4-8　AT 的 EDS 谱图

自结合，晶体自由生长受到抑制，晶体形状多为不规则粒状，尺寸不足 20μm。于自由空间生长的晶体可观察台阶生长，甚至可剖析到如图 4-10 所示的微晶取向排列现象。这些自然的、神奇的晶体生长过程，将 BGF（Burton-Cabrerar-Frank）经典晶体生长理论可视化了，实属可贵！这应当归功于场发射扫描电镜

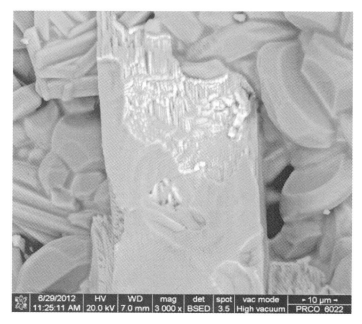

图 4-9 AT 晶体光洁柱面和顶角的断裂面的生长细节

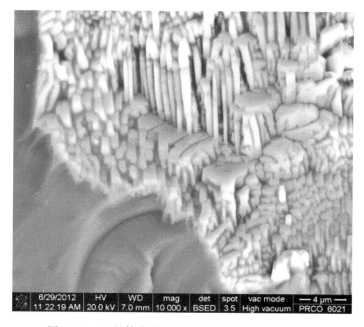

图 4-10 AT 晶体内部呈细柱状取向生长的结构细节

的高分辨力（10000、50000 倍率）。

钛酸铝具有广泛的固溶范畴并与 Fe$_2$TiO$_5$ 固溶，所观察到的 AT 晶体除了固溶不等数量的 Fe^{3+} 外，检测不出其他元素，如 Si、Ca、Na、K 等，意味着不存在或极少可能存在液相组分，晶体生长属固相反应。这样，在固相烧结反应的条件下，也可观察到以上现象。

4.2 CA$_6$ 的结晶习性

4.2.1 CA$_6$ 在 CaO-Al$_2$O$_3$-SiO$_2$ 系相图中的相区

众所周知，CaO-Al$_2$O$_3$ 和 CaO-Al$_2$O$_3$-SiO$_2$ 两系统的相平衡关系早在 1909 年和 1915 年便被研究过了，当时没有提到有 CA$_6$ 这个化合物。直到 1949 年，才由 H. E. Филоненко 和 И. В. Лавлов[30,31] 确定了它在 CaO-Al$_2$O$_3$-SiO$_2$ 系中的稳定相区。1957 年 R. C. de Vries 和 E. F. Osborn[32] 在研究 CaO-MgO-Al$_2$O$_3$-SiO$_2$ 四元系高铝区域的相平衡时，证实了 CA$_6$ 的存在。1963 年，A. L. Gentile 和 W. R. Foster[33] 以固相烧结和淬火法，研究了 CA$_6$ 在 CaO-Al$_2$O$_3$-SiO$_2$ 系中的稳定关系，证实了 Филоненко 等的结果，但对初相区的位置和 CAS$_2$-A-CA$_6$ 不变点的组成和温度做了修正。图 4-11 所示为 C$_3$A、C$_{12}$A$_7$、CA、CA$_2$ 和 CA$_6$ 一系列化合物在 CaO-Al$_2$O$_3$-SiO$_2$ 系中的稳定相区，熔融或分解温度最高的是 CA$_6$，其余化合物都为高铝水泥的组成相。

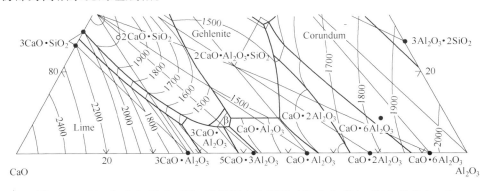

图 4-11　CA$_6$ 在 CaO-Al$_2$O$_3$-SiO$_2$ 系相图中的相区（R. C. de Vries 和 E. F. Osborn）

其实，CA$_6$ 早已为人所知，它是 Al$_2$O$_3$-SiO$_2$ 系材料和含钙化合物相互作用的常见反应产物，只是因其光性和刚玉相近，不易分辨而已。1945 年 Филоненко 最先给出相当精确的 CA$_6$ 的折射率，其数值为 $n_0 = 1.757$、$n_e = 1.750$[34]，指出该晶体为板状，是从含有 1% ~ 2% CaO 的铝土矿熔融刚玉磨料中结晶出来的。Д. С. Белянкин 等[35,36] 研究了铝铬渣中的 CA$_6$ 固溶体，测定了折射率和晶格常数，指出该晶体呈板柱状或带状结构。1958 年，В. В. Лабин[37] 重又研究了铝铬渣中的 CA_6。现在，CA_6 已是显微学工作者十分熟知的 Al_2O_3-SiO_2 系耐火材料渣蚀反应的常见产物了。

CA_6 的高分解温度、低膨胀系数和化学稳定性引起材料科学领域的高度重视，国内、外众多研究者就其合成工艺和应用问题进行了广泛研究。仅从裴春秋等[38]、陈冲等[39] 和李友奇等[40] 的研究实践中便可略知一二。这种六七十年前就被发现的人工晶体竟成了 21 世纪的热点研究课题，首先被关注的是对于合成方法的研究。如 Vishista 等[41] 建立溶胶法合成 CA_6，以勃姆石和氢氧化钙为主原料，硝酸作催化剂，于 1600℃ 条件下烧结 3h。Nagaoka[42] 则以勃姆石和碳酸钙为原料，在 1600℃、2h 条件下烧结合成 CA_6。李友奇等[43] 以铝酸钙水泥、活性氧化铝和碳酸钙粉体合成 CA_6，结果表明，在 1400℃ 开始生成 CA_6，1500℃ 反应完全并实现致密化烧结。在 1300~1500℃ 温度范围内为膨胀效应。这些都属于通常的基础理论的实际应用，宗旨是为了实现活化烧结；然而，此前却被以专利形式公布，如日本专利 1998-287420 "CA_6 的生产"[44]，讲的就是用氢氧化钙和三水铝石在 1300~1500℃ 烧结。

还有更多的合成方法，但都遵循一条原则，就是完整的 CA_6 晶体是六方片状结晶。而此晶体习性却意味着以其制备的单相多晶材料是不适合致密化的，故通常都用于制备高温隔热材料，如 Alcoa 公司就有体积密度为 $0.6g/cm^3$ 左右的 CA_6 隔热材料。如果要制备高致密度 CA_6 材料，势必要改变其结晶习性，或者是制备含刚玉或尖晶石或玻璃相的两相材料，依其性能适用于不同的场合，如炼铝工业和制碱工艺便适用 CA_6 材料。

4.2.2 烧结铝土矿中 CA_6 的结晶形貌

烧结铝土矿除主要结晶相刚玉和莫来石外，较为普遍存在的其他结晶相为钛酸铝或其含铁固溶体（$Al_xTi_yFe_z$）$_2$（$Mg_kCa_mTi_n$）$O_{5-\delta}$ 或残存 TiO_2 相（金红石、板钛矿等）。然而，早年均未曾提到过六铝酸钙，即 CA_6 相。事实上，在所谓烧结铝土矿熔洞"废料"中就存在相当多的 CA_6 晶体，只是由于其光学性质酷似刚玉，不曾引起人们注意。

前已述及，中国铝土矿是喀斯特型岩石，沉积环境常伴生石灰岩是常见现象，在矿石的裂隙中有白色碳酸钙沉积。早在 1956 年，笔者在煅烧铝土矿的钙质熔洞中发现了结晶异常完好的自形 CA_6，便做了化学分析、显微镜观察和 X 射线分析。1982 年做过扫描电镜分析并在实验室做了合成验证[45]，指出它是烧结铝土矿中的有益结晶相。

铝土矿，特别是特级、Ⅰ级原料中常含有方解石鲕体或夹层，经高温煅烧，同水铝石（刚玉）反应生成 CA_6。倘若局部含有 SiO_2（高岭石、叶蜡石等），便熔融并析出粗大的自形 CA_6。铝土矿中普遍存在 Fe_2O_3、TiO_2、SiO_2 和 CaO 等杂质，所以结晶出的 CA_6 也不纯。将挑出的单晶用 10% HF 溶液处理后做化学分析，曾得到这样的结果（质量分数）：SiO_2 0.44%、Al_2O_3 88.26%、TiO_2 1.17%、Fe_2O_3 1.13%、CaO 9.12%、MgO 0.33%。用肉眼挑出的晶体都为完整的六方片状，一般都在 0.5mm 以上，最大者达 2～3mm。显微镜下观察细小的晶体呈片状，其底轴面为六边形，发育良好者为标准正六边形。较大晶体常看到多级等高线阶梯状发育，晶体透明，测得光性为：（-）$2V = 0$；$n_0 = 1.765 \pm 0.002$；$n_e = 1.758 \pm 0.002$；$R_0 = 7.7\%$，$R_e = 7.6\%$（$\lambda = 589nm$）。测得显微硬度为 $HV_{(001)} = 16300 \pm 1700MPa$（50 个数据的统计结果）。

就光性而论，它与刚玉无异，只是显微硬度较低。Филоненко 和 Лавлов 在鉴别 CA_6 时主要依据其光学显微镜下的结晶形貌，指出该相为六方晶系结晶，"自液相析出者为六角片状，底轴面同双锥体或柱体的聚形"。

铝土矿中生成的 CA_6 由于结晶环境复杂，不会有确定的组成，如近期在山西特级烧结料的钙质熔融区中生成的如图 4-12 和图 4-13 所示的典型六方片状 CA_6 结晶簇，较大的晶体约 $500\mu m$，EDS 谱图（见图 4-14）显示其组成（质量分数）为：Al_2O_3 91.2%、TiO_2 1.5%、Fe_2O_3 0.5%、CaO 6.8%。CA_6 于 1820℃ 分解熔融，在煅烧原料中或高铝砖中也属高温相，但因其析晶环境多为液相，不便清除，多少会对制品的高温性能有所影响。

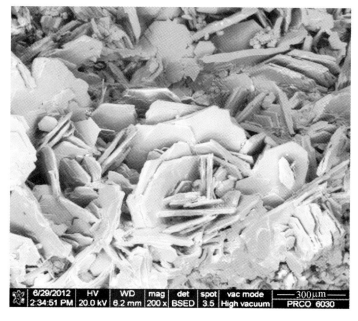

图 4-12 片状晶体 CA_6

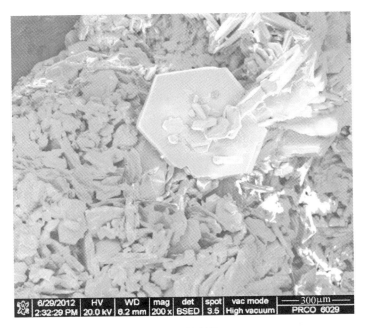

图 4-13 片状晶体 CA$_6$

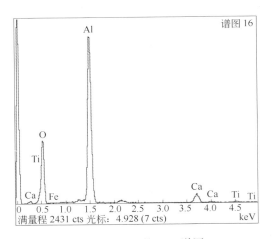

图 4-14 CA$_6$ 的 EDS 谱图

以上所示铝土矿中生成的 CA$_6$ 都是六方板状结晶, 与早年文献报道的相符。为了对比研究, 曾用 A. R. 级原料按 CA$_6$ 相区靠近 CAS$_2$-A-CA$_6$ 分系不变点组成配制试样, 熔融后自然冷却, 从中析出的晶体也多为六方片体单形的平行连晶; 但也确实发现有六方片体同锥体的聚形[34]。同时, 按 CaO-Al$_2$O$_3$ 系的 CA$_6$ 计量组成配料做烧结试验,在 1500~1600℃ 可合成微粒状和片状晶体,XRD 分析证实其具有标准的 d 值。

4.3 尖晶石和橄榄石

沉积岩在成矿过程中常有搬运来的杂质矿物伴生,杂质呈局部赋存状态,夹杂于铝土矿的内部或缝隙中。最普遍的伴生物如金红石,各类铁矿石,石灰石,水镁石(菱镁矿),含硫、磷等有机质和微量元素。这些伴生物常与铝土矿局部接触,在烧结过程中只在局部发生反应,形成各种形态的"熔蚀区",范围较大者肉眼可见,往往被视为"废料"而抛弃。"废料"的宏观结构可以是各式各样的,黑褐色的、红紫色的、米白色的都有,在工业生产线的人工选料工序,一旦见有熔蚀物黏附在烧结块料上都需要选出当作废料处理。在有些"熔蚀区"内更可发现图 4-15 中所显示的多面体结晶,就是淡紫红色区域内的析晶产物尖晶石(组成见图 4-16),较大晶体可达 150μm,因具备平面化的晶面,故用肉眼和放大镜都能观察到。

图 4-15 尖晶石-刚玉组合

反应产物为刚玉-尖晶石共生组合意味着侵蚀介质主要为二价阳离子。如图 4-16 所示为相邻两大尺寸单晶的组成,均显示主元素为 Al、Mg,同时含少量 Cr、Fe、Mn 形成复合尖晶石均匀固溶体,组成(质量分数)为:MgO 21.8%、

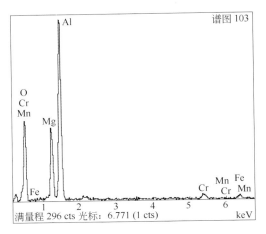

图 4-16 MA 的 EDS 谱图

Al_2O_3 70.4% 、Cr_2O_3 4.0% 、MnO 0.1% 、Fe_2O_3 3.79% 。

就 EDS 测试精确度而言，按阳离子价归纳处理得知，该类尖晶石为非计量型，$R_2O_3/RO > 1$。宏观呈现的紫红色应为 Cr^{3+} 的颜色特征，如果晶体再大一些就变成红宝石了。

由于 Cr/Fe 比相当，该固溶体还应具有较高熔点，即所谓"杂质废料"中其实含有有益组分。

熔蚀产物的另一种相组合为尖晶石和橄榄石，图 4-17 中的基质为 M_2S，EDS 分析结果如图 4-18 所示，测定结果（质量分数）为：MgO 55.8% 、SiO_2 42.2% ，接近计量组成，其他杂质如 Al、Ti、Cr、Fe、P 等氧化物总量为 2.0% 。

上述尖晶石的组成基本上是 MA 型，但在不同部位生成的尖晶石可以是复合组成的多元固溶体。如图 4-19 所示结构为以尖晶石-硅酸盐为主体的相组合，测试不同的尖晶石显示组成有所差异，但皆为复杂的且含大量铬、铁、钛离子的固溶体。图 4-20 中 EDS 谱图 132、谱图 125 表征了不同组成的尖晶石，彼此的组成相差明显，具体 EDS 分析结果见表 4-1。尖晶石晶间的结合相同样是橄榄石，但彼此均匀分布。除此两主相外尚有含磷化合物混杂于其间（见图 4-21）。

表 4-1 尖晶石和橄榄石的组成（质量分数）   （%）

相	谱图号	MgO	Al_2O_3	SiO_2	TiO_2	Cr_2O_3	Fe_2O_3	P_2O_5
尖晶石	132	27.9	36.5		3.5	22.1	9.9	
	125	36.6	19.3	3.3	14.5	16.1	9.3	0.9
橄榄石	133	55.3	1.8	38.5		1.5		3.0
	127	55.8	0.6	42.2	0.6	0.2	0.3	0.3

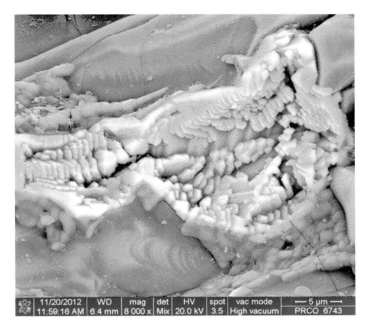

图 4-17　尖晶石-橄榄石组合

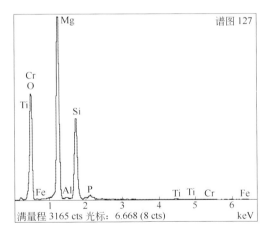

图 4-18　M_2S 的 EDS 谱图

　　在以橄榄石为主的部位可见微粒状 ZrO_2 晶体，多呈球状，尺寸为 $1 \sim 2\,\mu m$，如图 4-22 所示。它的存在显然说明生料中存在锆英石，分解产物中的 SiO_2 组分恰好与赋存橄榄石相吻合。EDS 分析结果为此推断提供了佐证（见图 4-23 和图 4-24）。

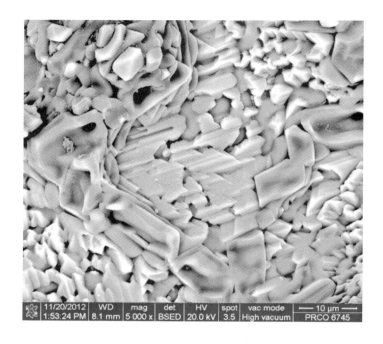

图 4-19　尖晶石和橄榄石均匀分布的结构

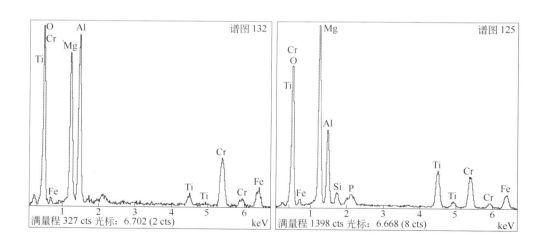

图 4-20　不同组成的尖晶石的 EDS 谱图

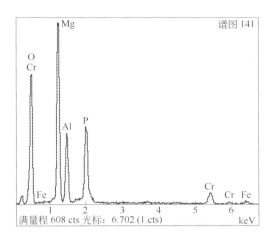

图 4-21 镁、铝磷酸盐的 EDS 谱图

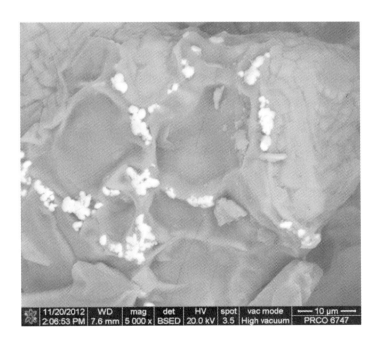

图 4-22 橄榄石基质中的 ZrO_2 球粒

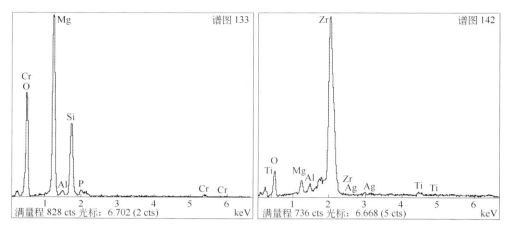

图 4-23   M₂S 的 EDS 谱图   图 4-24   ZrO₂ 的 EDS 谱图

4.4 （Al，Fe）₂O₃ 固溶体与稀有元素化合物

铝土矿的岩层会有铁质溶液侵渗，沉积为富铁层。当矿石高温烧结时会与铝矿物反应，部分生成 Al_2O_3-Fe_2O_3 系新相或为刚玉固溶体。在富铁条件下，对于刚玉中可固溶多少 Fe^{3+} 曾有诸多报道，就在铝土矿的氧化铁层理间的条件下测试固溶组成会很有意义。如图 4-25 所示低倍结构显示经 1600℃ 致密化烧结的铝

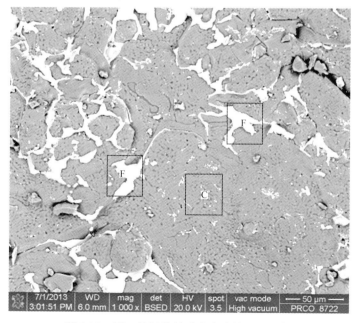

图 4-25   刚玉晶间的填隙状态赤铁矿固溶体

土矿，基质为刚玉，晶间的白色填隙物为"氧化铁"。EDS 测试结果显示，刚玉晶体中固溶了 6.6% 的 Fe_2O_3，如图 4-26 所示；而"氧化铁"填隙物的组成为：Al_2O_3 4.7% 、TiO_2 4.2% 、Fe_2O_3 91.1% ，如图 4-27 所示，两者相应为固溶体。如图 4-28 所示为刚玉晶间填隙物的结构细节，呈明显的分相结构，在赤铁矿的表面附生 Mo 和 Ce 元素的氧化物，分别由图 4-29 和图 4-30 表征。

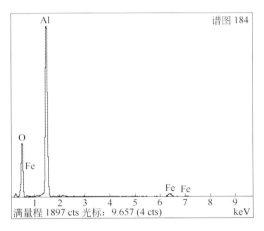

图 4-26　刚玉固溶体的 EDS 谱图

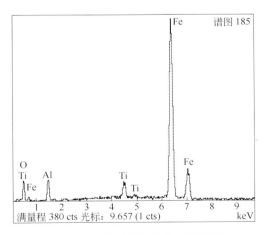

图 4-27　赤铁矿固溶体的 EDS 谱图

在第 1 章中介绍了几类铝土矿中的稀有元素赋存状态和结晶形貌，但尚未见有烧结铝土矿原料中存在稀有元素新生相的研究报道。有些稀有元素熔点低于 1000℃ ，经高温烧结会被蒸发掉，而有些高熔点元素会残留下来。我们在研究湖

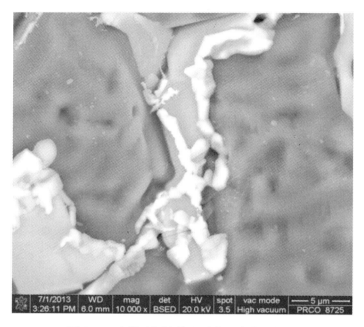

图 4-28 赤铁矿固溶体和稀有元素分相结构

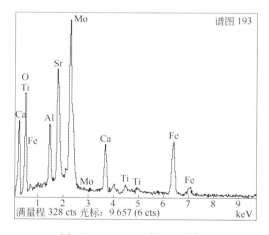

图 4-29 Sr、Mo 的 EDS 谱图

南 B 矿于 1600℃、3h 条件下烧结的原料时发现了含 Ce、Nd 和 La 元素的新相，展示了微晶形貌。

借助于 EDS 分析测试如图 4-31 所示的在刚玉晶体的间隙处呈线性排列的白色微晶，显示其中含稀有元素 Ce、Nd 和 La，主元素却是 Al、Si、K 和 P，如

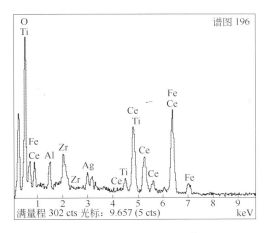

图 4-30　Ce、Ag 的 EDS 谱图

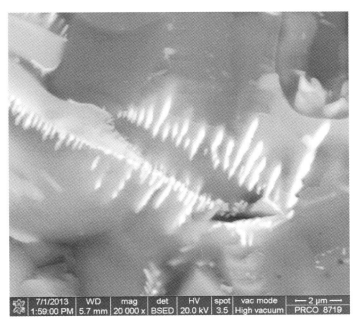

图 4-31　稀有元素磷化物的局部析晶

图 4-32 所示。Al、Si、K 肯定是烧结铝土矿中的成分；而 P 的存在可以理解为是矿石中有机质的成分，烧结中与 Al、Si 和 K 等生成液相，但值得注意的是，之前研究过的河南、山西和贵州等省的铝土矿但凡出现稀有元素的部位都有 P 元素伴生。因此有理由认为是稀有元素的磷化物存在于铝土矿中。

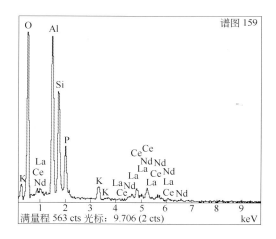

图 4-32 稀有元素 Ce、Nd、La 的 EDS 谱图

如图 4-33 所示为具有完整形貌的晶体，显示出似菱柱体结晶，EDS 分析确认其为 Ce、Nd 化物，如图 4-34 所示。这些结构细节显示了一个重要信息，即稀有元素与 Al 和 Fe 不互溶。

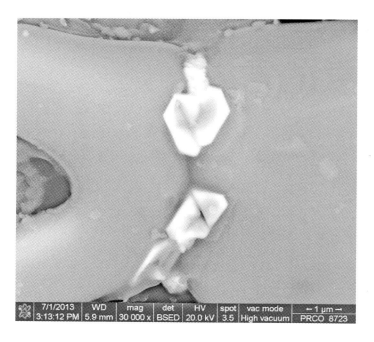

图 4-33 似菱柱体结晶为 Ce、Nd 化物

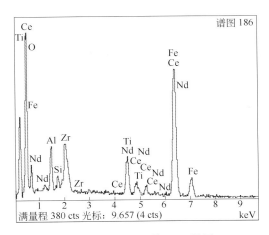

图 4-34　Nd、Ce 的 EDS 谱图

4.5　明矾石的熔融分解行为

　　铝土矿中含有的少量杂质在烧结过程中生成液相,特别是钾、钠元素促进固-液相烧结,虽有益于致密化,但不利于高温力学性能和抗侵蚀性。过去的研究只局限于云母和伊利石促进液相生成的效应,不曾发现过明矾石的影响。第 1 章中介绍了豫西铝土矿伴生明矾石的内容,值得我们关注它在烧结过程中的作用。

4.5.1　热分解反应

　　明矾石(alunite),作为脉岩和交代岩,是富含硫酸的溶液与中性火山喷出岩、流纹岩(玄武岩、片麻岩)相互反应的产物,相当于正长岩在氧化状态下发生作用而形成的,也产在火山灰附近或在石灰岩、白云岩和菱镁矿中。这是岩石学的基本概念。

　　明矾石的化学式为:$KAl_3(SO_4)_2(OH)_6$,三(六)方晶系,形状为三角锥体菱形,夹角 90°50′。密度 2.6 ~ 2.8g/cm³,计算值为 2.82g/cm³。其不溶于水和弱酸,但溶于硫酸。$a = 0.696$nm,$c = 1.732$nm,$Z = 3$,结晶习性为柱状,解理{0001}完全,硬度为 3 ~ 4,$2V = 0$,光性为(+),$n_0 = 1.572$,$n_e = 1.592$。理论化学组成(质量分数)为:K_2O 11.37%,Al_2O_3 36.92%,H_2O 13.05%,SO_3 38.66%。XRD 谱线上的 3 条最强线为:0.289nm,0.299nm,0.2293nm,极具特征性,易于鉴别。当 K 被 Na 置换时,称为钠明矾石(natroalunite)。

　　铝土矿中生成少量明矾石似乎不适合上述岩石成矿原理解释,原则上应是硫酸介质与钾铝盐反应的产物。生成明矾石的关键三元素 Al、K 和 S 在铝土矿中是可能存在的,水铝石和高岭石提供 Al 源,云母提供 K 源,黄铁矿提供 S 源。

就是说,在适宜的条件下有可能在铝土矿中生成明矾石;只是过去没有被发现。Al-Momani[46]在高岭石矿床上发现过明矾石,其他共生矿物有黏土矿物和非黏土矿物(如石英、云母、赤铁矿)。所有样品中共同存在的矿物是高岭石、石英、云母和明矾石。指出生成明矾石的 S 源是黄铁矿(pyrite)氧化生成的硫酸;钾、铝源则是长石或伊利石-云母水化的结果,水铝石和高岭石也参与了反应来供应铝源。前面的矿物组成鉴定结果表明,在三门峡铝土矿中存在明矾石与水铝石、高岭石和云母共生的岩石结构,符合了 Al-Momani 的发现。

1931 年,Fink 等[47]便利用 XRD 和化学分析研究过明矾石(当年以分子式 $K_2O \cdot 3Al_2O_3 \cdot 4SO_3 \cdot 6H_2O$ 表示)热分解,指出在 500～600℃相变为亚显微质脱水铝盐;在 700～800℃铝盐分解成刚玉和 K_2SO_4。在 1200～1400℃它们相互反应合成钾铝盐 $K_2O \cdot 10Al_2O_3$。1932 年,Ogburn 等[48]的实验结果表明,明矾石在 460℃失去结构水,在 800℃硫酸铝完全分解,形成氧化铝。在此温度硫酸钾不分解,从煅烧的材料中分离出来,成为纯度达 99.26% 纯硫酸钾。残存物主要是氧化铝,含少量氧化硅、氧化镁和铁。从制取明矾的生产工艺出发,Cameron 等[49]在 1936 年和 Loest 等[50]在 1976 年分别申请了美国专利,介绍明矾石的热分解机制和方法。Bayliss 等[51]指出明矾石分两步分解:(1)在 511℃时脱水,得到无水明矾(alum);(2)700℃时失掉 SO_3 得到硫酸钾和 $\gamma\text{-}Al_2O_3$。850℃得到"钾铝盐",即 $K_2O \cdot 10Al_2O_3$。Kashkai[52]详尽地研究了明矾石的热分解过程,借助于 XRD 分析获知在 600～700℃温度分解产物为铝盐和非晶氧化铝的混合物;在 700～750℃时铝盐分解成硫酸钾和硫酸铝;到 850℃吸热反应失掉 3/4 的硫酸盐,余下硫酸钾和 $\gamma\text{-}Al_2O_3$。DTA 曲线在 600℃时为第 1 吸热谷,经 XRD 分析是无水钾盐,没有刚玉,即:

$$K_2SO_4Al_2(SO_4)_3 \cdot 2Al_2(OH)_6 \longrightarrow K_2SO_4Al_2(SO_4)_3 + 2Al_2O_3 + 6H_2O$$
$$\text{(三方)} \qquad\qquad \text{(立方)} \qquad \text{(非晶)}$$

770℃为第 1 放热峰:

$$K_2SO_4Al_2(SO_4)_3 \longrightarrow K_2SO_4 + Al_2(SO_4)_3$$

900℃为第 2 吸热谷:

$$K_2SO_4 + Al_2(SO_4)_3 \longrightarrow K_2SO_4 + Al_2O_3 + 3SO_3 \uparrow$$

Kücük 等[53]也认为明矾石的分解为两步过程,即脱水和脱硫;同时指出机械活化有助于分解过程进行。不同的研究者在不同条件下获得不完全一致的结果是正常现象,Fu Peixin 等[54]演绎热力学计算,认为明矾石脱水要 300℃以上,而脱硫要 700℃以上,结论并无多少新意。新近研究报道[55]指出,取明矾石单晶做高温 XRD(in-situ)分析,发现在其分解之前的 20～500℃温度范围内会产生非均质膨胀。这就更增添了明矾石熔融机制的复杂性。

4.5.2 明矾石的熔融反应

综合上述有关文献的研究结果可见，明矾石在 800 ~ 900℃时分解完全，除生成 γ-Al_2O_3 和硫酸钾外，还可能有硫酸铝生成，即提供了 SO_4^{2-}，它将在后续提高温度的条件下与共存物相发生反应。在铝土矿中明矾石与高岭石、水铝石和云母之间的反应将是复杂的和有趣的，现将在 1000℃、1200℃ 和 1400℃下热处理后的结果分述于下。

4.5.2.1 1000℃、3h 受热后

明矾石呈熔融状态，形成玻璃相，如图 4-35 所示。对比第 1 章第 1.4.2 节中的图 1-61 可见，结晶完整的似立方体已荡然无存。经 EDS 分析显示，S 元素完全消失殆尽，表明其已经生成 SO_3 燃烧掉；但 K 元素尚存，构成玻璃相的成分。在此温度处理条件下，云母只是沿解理面开裂，与明矾石之间无明显的反应迹象，如图 4-36 所示。

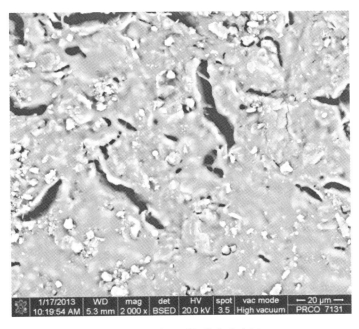

图 4-35　明矾石熔融成玻璃相

4.5.2.2 1200℃、3h 受热后

水铝石假象仍保持其原始的形貌，巨大的柱状晶体可达 50 ~ 60μm，在 2000

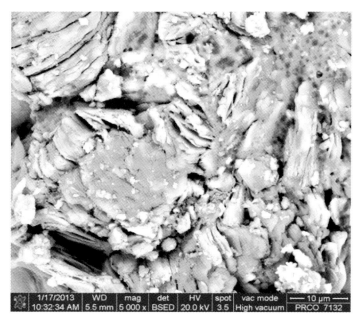

图 4-36 云母沿解理面开裂

倍率下尚看不出分解的迹象，只能观察到许多微孔，如图 4-37 所示；当在 20000 倍率下观察便发现已生成微粒状刚玉，彼此黏结在一起，也因脱水收缩，留下许多空隙和气孔，如图 4-38 所示。

明矾石和云母完全熔融形成液相，一些刚玉微晶溶解于其中呈现模糊状态如图 4-39 所示；但在较稀薄的液相中却析出细微的柱状刚玉，长达 2μm，形貌特征如图 4-40 所示。液相的组成（质量分数）为：Al_2O_3 47.7%、SiO_2 43.8%、K_2O 4.9%、TiO_2 3.6%。

4.5.2.3 1400℃、3h 受热后

含有明矾石、云母和高岭石的样品经 1400℃、3h 热处理后，呈现疏松状态且局部严重爆裂成碎片，都是因为液相冷凝收缩所致。

对于水铝石原料来讲，1400℃是很低的烧结温度，很难达到致密化烧结，如图 4-41 所示的图像，虽然完全转化成刚玉，但还是水铝石假象的轮廓，松散的堆积在一起，假象的内部有封闭气孔，假象之间有许多空隙。这样的结构要实现致密化，就是烧到 1600℃也难以实现。

由高岭石、云母和明矾石混生的矿石在 1400℃温度下却是明显的"过烧"了，因为后两者早已熔化且因燃烧生成 SO_3 而造成鼓胀结构，如图 4-42 所示。

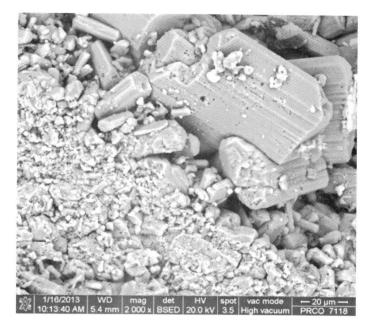

图 4-37 水铝石假象的形貌图

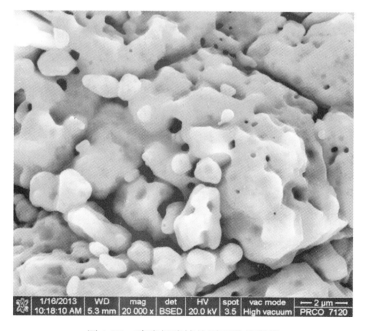

图 4-38 玻璃相胶结的刚玉微晶形貌

图 4-39　液相溶解微晶刚玉

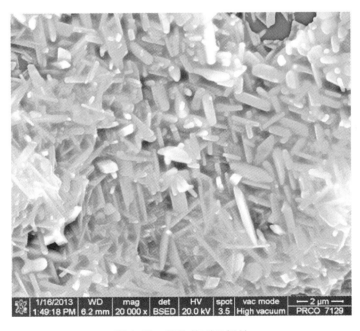

图 4-40　细柱状刚玉析晶

图 4-41　全刚玉化的疏松结构

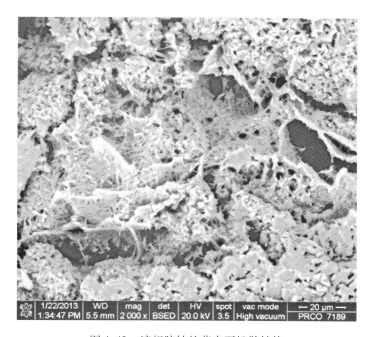

图 4-42　液相胶结的莫来石松散结构

在此温度下高岭石分解也已完全，应该结晶出莫来石，但在明矾石形成的液相中因含有大量 K⁺，它会促使尚处于微晶状态的莫来石立即溶于液相中，即在富含 K⁺、Na⁺的液相中不适合莫来石析晶。图 4-43 所示为液相中析晶的刚玉微粒，可保持平整晶面；而如图 4-44 所示的液相中析出的细针状晶体是以 Al 为主，含有 K、Fe 等的多元组分，似为 β-Al₂O₃ 型晶体。图 4-45 为含 K 玻璃相的 EDS 谱图。

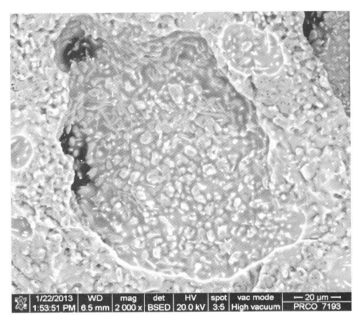

图 4-43 　 液相析晶的刚玉

4.6 　 玻璃相中的纳米析晶

　　研究烧结铝土矿中玻璃相的组成并借其推测高温下的软熔行为，是科研和生产部门的重要课题，早在 20 世纪五六十年代，就受到国内、外学者的关注。但遗憾的是，还不曾揭示出其真实规律。早期，以 HF 溶解玻璃相后，分析不溶物组成，然后计算玻璃相组成，结果当然不是很准确；现代，用 EDS 和 WDS 测定玻璃相的化学组成，应该是相当可信了。然而，事实表明，微区分析仪的精度是可信的，但测试数据却未必可信。通过显微蚀像技术发现，玻璃相中会隐蔽某些纳米析晶而导致测试数据与真实的组成有所差异。这也在深层次上揭示出烧结的、甚至均化烧结的铝土矿中，存在不可避免的显微结构的非均态现象。

　　一般的适于耐火材料使用的铝土矿中的各类杂质总含量为 5% ~ 6%，其中

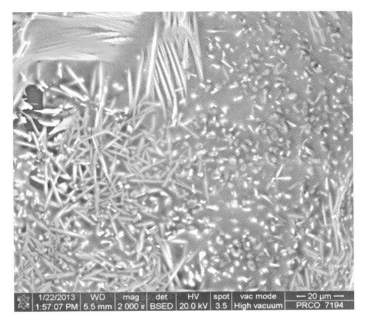

图 4-44 细针状 β-Al$_2$O$_3$ 析晶

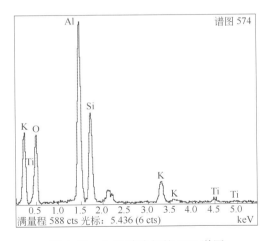

图 4-45 含 K 玻璃相的 EDS 谱图

大部分 TiO$_2$ 和 Fe$_2$O$_3$ 与主成分反应形成 AT-FT 固溶体，如第 4.1 节所述的烧结过程中生成 AT 的结晶形貌，实为局部固相反应的结果，少部分 TiO$_2$ 和 Fe$_2$O$_3$ 与其他杂质形成液相。在以 Al$_2$O$_3$-SiO$_2$ 系为基的硅酸盐液相中会包含 Na$^+$、K$^+$、Mg^{2+}、Ca^{2+}、Fe^{3+}、Ti^{4+} 等离子以及个别稀有元素的所有杂质组分，但当结晶相的分布不均和晶体组成发生变化时，液相的化学组成的均匀性也会受到影响。如在浓度富集的条件下，会析出细针状 β-Al$_2$O$_3$，此外也会有二次刚玉结晶，如图 4-43 和图 4-44 所示。有析晶的液相冷凝后的玻璃相的化学组成也会因生成的环境不同而异，没有规律性。因此，研究液相的析晶行为，应以均化料为对象，以便探讨"均匀液相"的冷凝过程会发生哪些奇异现象。

　　铝土矿中含有个别的锆英石是普遍现象，尽管其数量极微，却可以被发现。但是，在普通烧结料和均化烧结料中却不容易发现它。在通常的 1600℃ 烧结温度下，理论上它不会分解，但当存在 Al^{3+} 时便会分解。这会产生两种可能的结果，即形成氧化锆微粒或是形成液相，但这两种结果都不容易被观察到，这是因为微粒太微细，需要极高的分辨力和可靠的鉴别方法才可观察到。

　　通常，观察微细结构适用断口试样，但当有液相包裹结构细节时便不宜被发现。所以，需在 HF 溶液蚀像的条件下磨制光片，在高倍率下可以观察到一些纳米尺度的液相析晶。以下多图皆为被玻璃相淹没的微小析晶，性质和组成各异。图 4-46 所示为柱状刚玉及其晶间空隙的结构细节，这些空隙原本是被玻璃相填充的，当其被溶解后便显露出刚玉表面的黏附物，呈微粒状态，大多小于 0.1μm，随机分布。EDS 分析可以显示出其中含 Al、Fe、Ti 元素（见图 4-47）。Al 元素是刚玉组分，也可能是微粒的三元组分，属于 AT-FT 固溶体。该图像传递出一个值得关注的问题，即微粒不是从刚玉晶体中脱溶出来的，而是硅酸盐液

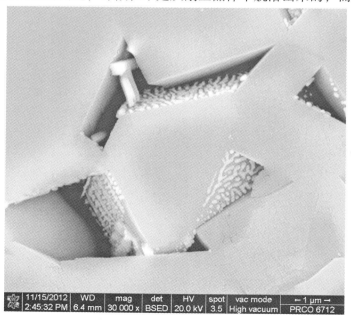

图 4-46　刚玉表面的附生物，含 Fe、Ti 元素

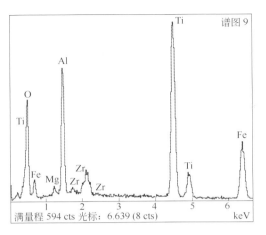

图 4-47　含 Al、Ti、Fe、Zr 和 O 的刚玉
表面黏附微粒的 EDS 谱图

相冷凝过程中析晶的纳米粒子，一部分附生于刚玉表面，而另一部分随玻璃相被溶掉。

　　Fe、Ti 离子固溶于刚玉晶格中的数量取决于反应介质的接触界面状态，可能数量较多，也可能数量很少。它们在液相中的溶解度也受诸多因素的影响，如组成和温度等。这些纳米尺度的含铁、钛的微粒附生于刚玉晶体表面的事实值得人们去思考这样一个问题：通常所谓铁、钛固溶于刚玉中可能是有条件的真实，也可能是测试错误？若是电子束取样涉及这些微粒，测试结果就不准确，会将机械夹杂视为固溶。

　　图 4-48 所示的微细结构是某一树枝晶，夹杂在刚玉晶体的空隙的玻璃相中，当玻璃相被 HF 溶解便显露出来。该树枝晶为液相析晶的典型形貌，然而，它清晰地显示出其为两相附生体，即树枝晶黏附在柱状晶体上。EDS 分析证实它们含有 Al、Zr、Ti、O 四元素，如图 4-49 所示。判别图 4-48 中的两相的性质是比较容易的，即 AT 结晶成细柱状结晶，ZrO_2（纳米级球粒）以树枝状排列，附生于 AT 柱状体的表面，形成两相结构。如果电镜分辨率低，图像不清晰，则有可能会依 EDS 测试结果，误将其认为"三元化合物"。图 4-50 所示为更高的 100000 倍率下观察 ZrO_2、Al_2TiO_5 两相共生的结构细节，部分 ZrO_2 呈小柱状晶。图 4-51 所示为空洞中析出晶体，同样为 ZrO_2、Al_2TiO_5 分相结构。

　　图 4-52 中的大块夹杂物尺寸达 3～4μm，EDS 测试结果显示其中含有 Fe 元素，而 Zr 元素很少。显然，块状晶体应该是 A（T，F）固溶体，其表面附生少许微粒状 ZrO_2。该现象表明，Zr^{4+} 不易固溶于刚玉中，也不易溶于 AT 或 A（T，F）固溶体中。如图 4-53 所示为柱状莫来石晶体，晶间空隙同样有附生的微粒

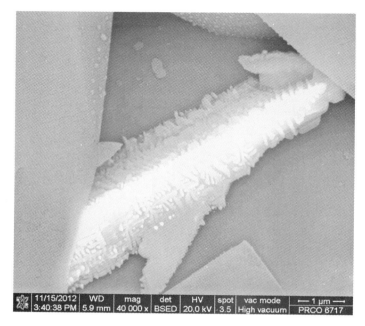

图 4-48 ZrO_2、Al_2TiO_5 分相

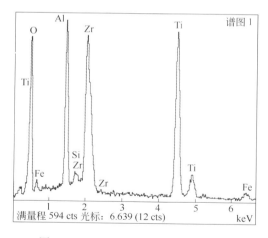

图 4-49 ZrO_2、Al_2TiO_5 的 EDS 谱图

ZrO_2，图 4-54 显示莫来石可固溶少量 Ti^{4+}，但却不溶 Zr^{4+}。

图 4-55 中的细柱状晶体为 TiO_2，同样是液相析晶；而图 4-56 则是 TiO_2 周围反应生成的 AT。

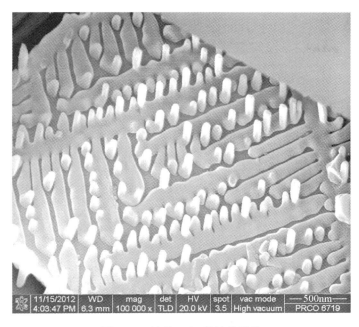

图 4-50　显示 ZrO_2 的柱状形貌

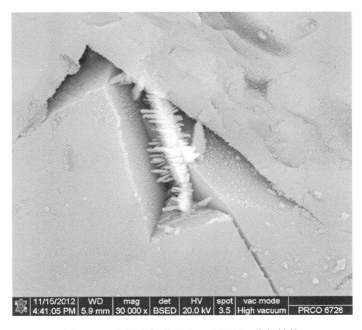

图 4-51　空洞中析出 ZrO_2、Al_2TiO_5 分相结构

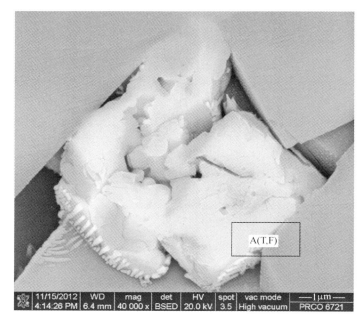

图 4-52 ZrO$_2$ 附生于 A（T，F）固溶体表面

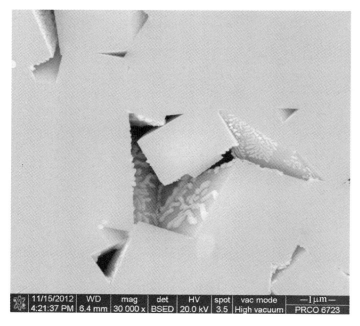

图 4-53 莫来石表面附生的微粒 ZrO$_2$

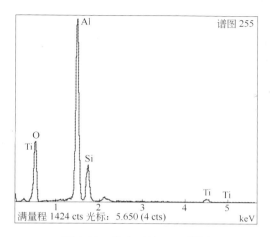

图 4-54 莫来石的 EDS 谱图

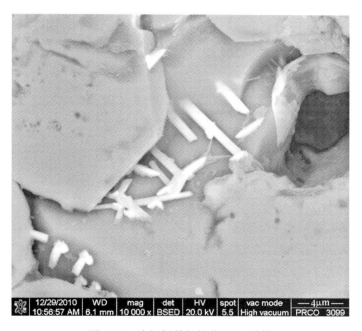

图 4-55 液相析晶细柱状 TiO_2 晶体

以上各图所表征的内容都是均化烧结铝土矿中刚玉和莫来石晶间玻璃相所掩盖着的微区析晶，析晶产物主要是 ZrO_2、Al_2TiO_5、$A(T，F)$ 固溶体和 TiO_2，都是亚微米或纳米尺度的晶体，在通常的鉴定中不曾被发现。就其数量而言，可称微不足道，似乎不会对原料的使用效果产生明显影响；然而，在学术上这些微晶

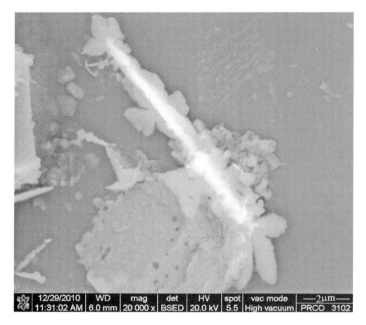

图 4-56   TiO$_2$ 周围反应生成的 AT

的存在却有着重大的意义。值得指出的是，铝土矿中常见锆英石以自形和半自形的颗粒混杂在矿石中，尽管其数量很少，但因其高分解点和化学稳定性，只有在很高的（如 1600℃ 或以上）温度才分解为氧化锆和高硅质液相。如果只以化学反应式表征，会认为分解产物为 ZrO$_2$ + SiO$_2$，并认为 SiO$_2$ 是石英或方石英，显然这是不准确的，它只是为化学计算方便而假设的。在同时存在 Al^{3+}、Fe^{3+}、Ca^{2+}、Mg^{2+}、R$^+$ 等离子的条件下，锆英石会易于分解并溶于液相中，只是 Zr^{4+} 在液相中溶解度低，与刚玉之间又无反应生成化合物或固溶体，从而单独析晶。此现象在 ZrO$_2$-Al$_2$O$_3$-SiO$_2$ 系的高硅材料中相当普遍。所以，在固-液相共存的环境中，钛离子只是有限地固溶于刚玉或局部地参与形成液相，而大部分钛离子还是合成 AT 结晶；其次，Zr^{4+} 既不固溶于刚玉、莫来石、AT，也不溶于液相。这似乎是一个规律，在许多系统中尽皆如此。此外，还有一点十分重要，即显微结构研究者要时刻启动知识储备，指导分析工作要深入细致，确保数据准确，特别是注意 EDS 测试的可靠性和准确性。

　　在相图册中给出了 04452 号 ZrO$_2$-TiO$_2$ 系相图，称有 ZrTiO$_4$（ZT）化合物存在；但编者指出，详细内容和可信度还很难确定，不同的研究者对此认识不一。该相的熔点大于 1800℃，研究者是以太阳炉熔融配料的，在我们烧结铝土矿的温度下能否生成，尚不可知。在该试样中要想确定是否存在 ZrTiO$_4$，既不能用

EDS、WDS，也不能用 XRD 或 μ-XRD 来证实，因为晶体微粒太微小。作者以化学纯硝酸钙、氢氧化铝和 TiO₂ 在 1600℃、3h 热处理条件下，合成了 ZT + AT 两相组合材料（另文发表），证实试样中确有 ZrTiO₄ 存在。

参 考 文 献

［1］ Levin E M，McMurdie H F，Hall F P. Phase Diagrams for Ceramists. The American Ceramic Society，4055N. High st.，Columbus 14，Ohio，1956：119～120.

［2］ Брон В А. ОСвойствах Al₂TiO₅［J］. Д. А. Н，СССР，1953，91（1）：93～94.

［3］ Gugel E，Schuster P. KeramischeMassen auf der Basis von Aluminiumtitanat［J］. Ton-ind，1974（12）：315.

［4］ Flörke O W. Reaktion von TiO₂ mit Cr₂O₃ Vergleichmitanderen Oxydpaaren［J］. DKG，1961（4）：133.

［5］ Маргурис М. Свойства Изделийна Базе Титаната Алюминия и Глинозема［J］. Огнеупоры，1965（2）：23～27.

［6］ Коломенцев В В. Спекание и Некоторые Свойства Композиций в Системе Al₂O₃-Al₂TiO₅［J］. Огнеупоры，1981（12）：40～44.

［7］ Коломенцев В В. Синтез，Спекание и Свойства Титаната Алюминия［J］. Огнеупоры，1981（8）：47～52.

［8］ Thomas H A J，Stevens R. Aluminium Titanate：A Literature Review［J］. Trans. J. Brit. Cer.，1989，（4）：144～151，（5）：184～190，（6）：229～233.

［9］ 章俞之，周建儿，快素兰，等. 钛酸铝-莫来石陶瓷热稳定性的研究［J］. 无机材料学报，2000，15（3）：546～550.

［10］ Kato E，Daimon K，Takanashi J. Decomposition Temperature of β-Al₂TiO₅［J］. JACS，1980，63（5～6）：355～356.

［11］ Tsetsekou A. A Composition Study of Tialite Ceramics Doped with Various Oxite Materials and Tialite-mullite Composites：Microstructural，Thermal and Mechanical Properites［J］. Journal of the European Ceramic Society，2005，25（4）：335～338.

［12］ Ibrahim D M，Mostafa A A. MgO Stabilized Tialite Prepared by Urea Formaldehyde Polymeric Route［J］. British Ceramic Transactions，1999，98（4）：182～186.

［13］ Preda M，Ianculscu A，Crisan M. Reationmechanixms of Tialite Formation in the Presence of Mineralizers［J］. Journal of Optoelectronics and Advanced Materials，2000，2（5）：563～568.

［14］ Preda M，Crisan M，Melinescu A. Formation and Sintering Ability of Aluminium Titanate in the Presence of MgO and Fe₂O₃ Additives［J］. Revue Roumaine de Chimie，2005，50（11～12）：895～901.

［15］ Tilloca G. Thermal Stabilization of Aluminium Titanate and Properties of Aluminium Titanate

Solid Solutions ［J］. J. Materials Science, 1991, 26 (10): 2809 ~ 2814.

［16］ Naderi G, Rezaie H R, Far A S. The Effect of Talc on the Reaction Sintering, Microstructure and Physical Properties of Al_2TiO_5 Based Ceramics ［J］. J Ceramic Processing Research, 2009, 10 (1): 16 ~ 20.

［17］ Green C R, White J. Solid-solubility of TiO_2 in Mullite in the System M. Al_2O_3-TiO_2-SiO_2 ［J］. Trans. Brit. Cer. Soc., 1971 (3): 73 ~ 75.

［18］ White J. The Chemistry of High-alumina Bauxite-based Refractories with Special Reference to the Effects of TiO_2-A Review ［J］. Trans. Brit. Cer. Soc., 1982 (4): 109.

［19］ Duncan J F, Mackenzie K J D, Foster R K. Kinetics and Mechanism of High-temperature Reactions of Kaolinite Minerals ［J］. JACS, 1969 (2): 74 ~ 77.

［20］ Устиненко В А. Влияние TiO_2, Fe_2O_3 иNa_2O на Структуры ［J］. Огнеупоры, 1983 (10): 3 ~ 8.

［21］ Кормщикова З И, Голдин Б А, Рябков Ю И, et al. Формирование, Микроструктуры Керамики из Бокситов ［J］. Огнеупоры и Техническая Керамика, 2000 (3): 2 ~ 6.

［22］ 高振昕, 李广平. 中国高铝矾土分类的研究 ［J］. 硅酸盐学报, 1984, 12 (2): 243 ~ 250.

［23］ 高振昕. 煅烧 D-K-R 型矾土的相组成 ［J］. 耐火材料, 1990 (1): 16 ~ 21.

［24］ 张丽华. 高铝矾土熟料中含钛矿物的研究 ［J］. 耐火材料, 1990 (1): 22 ~ 25.

［25］ Ervin G. Structural Interpretation of the Diaspore-corundum and Boehmite-γ-Al_2O_3 Transitions ［J］. Acta Cryst., 1952: 103 ~ 108.

［26］ Szabo P J, Bereczt T. Study of Aluminiumtitanate Based Ceramics in Fe_2O_3-Al_2O_3-TiO_2 System ［J］. Materials Science Forum, 2010, 659: 31 ~ 36.

［27］ Preda M, Melinescu A, Crisan M. Tialite Type Solid Solutions Formation in the MgO · Al_2O_3-Fe_2O_3 · TiO_2-Al_2O_3 · TiO_2 Pseudo Ternary System ［J］. Revue Roumaine de Chimie, 2006, 51 (6): 509 ~ 515.

［28］ Nabhizadeh R, Rezaie H R, Gollestani-fard F. Phase and Microstructural Evolution of High TiO_2-containing Iranian Bauxite at High Temperatures in Different Atmospheres ［J］. J. Ceramic Processing Research, 2008, 9 (4): 343 ~ 347.

［29］ Norberg S T, Hoffman S, Yoshimura M, et al. $Al_6Ti_2O_{13}$ a New Phase in the Al_2O_3-TiO_2 System ［J］. Acta Crystallographica Section C, 2005, C61: 35 ~ 38, Physical Inorganic Chemistry, 2005, 36 (23).

［30］ Филоненко Н Е, Лавлов И В. Calcium Hexaaluminate in the System CaO-Al_2O_3-SiO_2 ［J］. Докл. АН, СССР, 1949, 66 (4): 673 ~ 676.

［31］ Филоненко Н Е, Лавлов И В. Equilibrium Conditions in the Al_2O_3 Angle of the Ternary System CaO-Al_2O_3-SiO_2 ［J］. Ж. Прикл. Химн. 1950, 23 (10): 1040 ~ 1046.

［32］ DeVries R C, Osborn E F. Phase Equilibria in High-alumina Part of the System CaO-MgO-Al_2O_3-SiO_2 ［J］. JACS, 1957 (1): 6.

[33] Gentile A L, Foster W R. Calcium Hexalumina and its Stability Relations in the System CaO-Al$_2$O$_3$-SiO$_2$ [J]. JACS, 1963 (2): 74.

[34] Филоненко Н Е. Плавлений Корундом [J]. Докл. АН, СССР, 1945, 48 (6): 456.

[35] Белянкин Д С. Об Известковам Гексаалюминате из. Зестафони К Минералми β-Глинозма [J]. Докл. АНСССР, 1946, 53 (6): 553.

[36] Белянкин Д С. Минералми β-Глинозема [J]. Докл. АН, СССР, 1947, 55 (6): 529.

[37] Лабпин В В. Исследования по экспериментальной и технической петрографии и минералогий [M]. Москва, 1958.

[38] 裴春秋, 石干, 徐建峰. 六铝酸钙新型隔热耐火材料 [J]. 工业炉, 2007, 29 (1): 45~49.

[39] 陈冲, 陈海龚, 王俊. 六铝酸钙的合成、性能和应用 [J]. 硅酸盐通报, 2009, 28 (增刊): 201~205.

[40] 李友奇, 李亚伟, 金盛利. 六铝酸钙材料的合成及其显微结构研究 [J]. 耐火材料, 2004, 38 (5): 122~125.

[41] Vishista K, Gnanam F D, Auaji H. Sol-gel Synthesis and Characterization of Calcium Hexaaluminate Composites [J]. JACS, 2005, 88 (5): 1175~1179.

[42] Nagaoka T, Tsugoshi T, Hotta Y. Forming and Sintering of Porous Calcium-hexaaluminate Ceramics with Hydraritic Alumina [J]. Mater. Sci., 2006, 41: 7401~7405.

[43] 李友奇, 李亚伟, 金盛利. 六铝酸钙的合成及其显微结构研究 [J]. 耐火材料, 2004, 38 (5): 318~321.

[44] Production of CA$_6$: JPN, 1998-287420 [P].

[45] 高振昕. 烧矾土中的六铝酸钙 [J]. 硅酸盐学报, 1982, 10 (2): 215~220.

[46] Al-Momani T M. Occurrences and Origin of Alunite, South Jordan [J]. Journal of Applied Science, 2007, 7 (8): 1230~1234.

[47] Fink W L, VanHorn K R, Pazour H A. Thermal Decomposition of Alunite [J]. Industrial & Engineering Chemistry, 1931, 23 (11): 1248~1250.

[48] Ogburn S C, Stere H B. Thermal Decomposition of Alunite [J]. Industrial & Engineering Chemistry, 1932, 24 (3): 288~290.

[49] Cameron F K. Decomposition of Alunite: US, 2174684 [P]. 1936-09-09.

[50] Loest K W, Kesler G H. Process for Reduction of Alunite Ore in Aluminum Recovery Process: US, 4.093.700.1978 [P]. 1978-06-06.

[51] Bayliss N S, Cowley J M, Farrant J L. The Thermal Decomposition of Synthetic and Nature Alunite: An Investigation by X-ray Diffraction, and Electron Microscope Methods [J]. Australian Journal of scientific Research, Series A: Physical Science, 1948 (1): 343~350.

[52] Kashkai M A, Babaev I A. Thermal Investigations on Alunite and its Mixtures with Quartz and Dickite [J]. Mineralogical Magazine, 1969, 37 (285): 128~134.

[53] Kücük F, Yildiz K. The Decomposition Kinetics of Mechanically Activated Alunite Ore in Air Atmosphere by Thermogravimetry [J]. Thermochimical Acta DOI: 10.16/j. tca., 2006,

7：3.

[54] Fu Peixin, Xu Yuanzhi. A Thermodynamic Study of Dehydration and Thermal Decomposition of Alunite ［J］. Chinese Science Bulletin, 1981, 26 (2)：135.

[55] Zema M, Callegari A M, Tarantino S C. Thermal Expansion of Alunite up to Dehydroxylation and Collapse of the Crystal Structure ［J］. Mineralogical Magazine, 2012, 76 (3)：613～623.

5 熔融铝土矿的析晶行为

第 3、4 章讲述了烧结铝土矿的反应过程和生成相组合的显微结构，是以固相反应为主的烧结现象，伴随局部的液相析晶；而将铝土矿熔融并冷凝结晶，获得的是熔体析晶现象，两者的化学组成可以调整至相近，但显微结构却迥然而异。烧结铝土矿可按 Al_2O_3 含量的不同划分为不同等级，电熔铝土矿原则上控制主晶相为刚玉，所以要求 Al_2O_3 含量要尽量高。根据用途可划分为耐火材料级和磨料级两类，前者要求 Al_2O_3 含量 95% 以上；后者要求 Al_2O_3 含量 85% 以上，允许含有相应数量的氧化铁。由于铝土矿含有一定量硅、铁、钛、钙等杂质，加之可能的碳污染，因此相对于电熔白刚玉（white fused alumina）而言，产品呈褐-黑色，故国外均称其为棕刚玉（brown fused alumina）。各类铝土矿均可电熔制取棕刚玉，只是熔炼工艺不同。含铝量较低而含铁量高的原料，通过加碳还原获得棕刚玉和硅铁合金。我国铝土矿大多含铁量低，可直接熔炼而成。

据史料记载，早在 1837 年，法国和德国便熔融出刚玉。1921 年，法、美同时生产电熔白刚玉和电熔铝土矿；同年俄国学者 Д. С. Белянкин 发表了《论刚玉的显微学》（К Микроскопии Алунда）一文，介绍电熔铝土矿的相组成[1]，说明在 20 世纪初，便有了电熔铝土矿制取棕刚玉的工艺。1945 年，Н. Е. Филоненко 发表了《熔融刚玉》（Плавлений Корундом）一文[2]。1948年，Schrewelius N. G. [3]借助于 XRD 分析，研究了电熔刚玉磨料的相组成，主相为刚玉及其固溶体（摩尔百分数为 10.6% 的 Ti_2O_3），基质中的杂质相有：钙的钛铝盐 C（AT）、尖晶石、β-Al_2O_3、石英、金红石和硅-铁-钛合金，生成刚玉固溶体会使显微硬度从 21000MPa 降到 19400MPa。所有 TiO_2 含量超过 1.5% 的商品级刚玉磨料的硬度都要降低；而白刚玉不含钛，因此硬度较高。在大型实验电炉生产的各种添加焦炭以还原 SiO_2 和 Fe_2O_3 的低档铝土矿样品中，得到的刚玉只含约 1% 的 TiO_2，熔炼时间会影响刚玉的纯净程度。1958 年，Н. Е. Филоненко 出版了《人造磨料岩相学》一书，该书在 1965 年被译成中文[4]。书中介绍了当时的电熔工艺和产品的结构，指出熔炉不同部位的产品组成和结构都有很大不同，在光学显微镜下可以鉴定出刚玉和钛铁矿类多种共生相；不过，受当时检测设备条件的限制，显微结构的鉴定结果不是很充分。

1987 年，A. N. Sokolov 等[5]以铝土矿为基制备了 16 个不同组成的电熔材料，Al_2O_3 含量为 48% ~99%。对电熔样品做了 OM 和红外光谱检验，但在光学显微镜下只拍摄了两张 50 倍和 250 倍的反光照片，未能显示出必要的显微结构信息，反而不及 20 世纪 50 年代的水平。对 Al_2O_3 含量为 85% 以下的 13 个组成样品用 10% HF，在 20℃、2h 条件下溶解，将残渣视为莫来石晶体，将分析结果视为莫来石的组成。结果表明，莫来石固溶 2% ~ 5% TiO_2，TiO_2 含量随 Al_2O_3 含量增加而增多，另外还含有其他杂质。这种化学法测莫来石和刚玉组成的做法是很不可靠的。

在我国，20 世纪 80 年代，机械行业称棕刚玉为"青刚玉"，由中科院地质研究所和北京钢铁学院进行相关研发工作。在学界有一些所谓"合成青刚玉"类的研究报道，实质上便是以电熔铝土矿制备研磨材料。1993 年，冶金部制订并颁布了青刚玉《冶金机械行业标准》（YB/T 043），规定耐火行业用料 Al_2O_3 含量大于 80%；磨料中 Al_2O_3 含量大于 73%。后来，由机械行业制订了棕刚玉的国家标准 GB/T 3043—2000，是按 Al_2O_3 含量（90% ~ 97%）和粒度分级分类的，没有划分行业区分。

目前，市售磨料产品有称棕刚玉的，也有称青刚玉的，缺乏统一的标准衡量，全凭市场运作。原则上，适应于机械行业做磨料者，对高研磨力和韧性有要求，很注意刚玉及含铁尖晶石晶体的尺寸、形状和玻璃相的分布，但 Al_2O_3 含量波动范围较宽；而在耐火材料行业则侧重于要求 Al_2O_3 含量在 95% 以上并要求对杂质的控制。因其系大宗中、低档原料，一般只做化学分析和密度测量，而很少深入地研究其显微结构。这主要是由于使用棕刚玉时一般使用破碎的颗粒料，其被广泛地应用于烧成和不烧耐火材料，因此不太关注其显微结构细节。棕刚玉中主要的低熔点相是硅酸盐和玻璃相，少量的、个别的夹杂物对原料的使用性能也许没有多大影响；但是，这些夹带相对于研究熔体冷凝结晶行为却有重大科学意义。例如，高温、高黏度熔体是否均熔？析晶相之间的共存状态和互溶关系等问题，既受原料纯度的影响，也受熔融制度（气氛、电极和炉衬质量）的影响。在类似于电熔刚玉（包括白刚玉）这类经过熔融工艺的产品中，细心的显微结构研究者常发现一些微量的、个别的、奇异的、与配料组成和反应产物无关的相，远不是简单熔融-析晶过程所能解释；而是一些局部非均态化学反应的结果。这样，若依据化学组成来计算匹配的结晶产物就十分困难，甚至是不可能的。所有这些问题在学术上都是值得关注的；也可以引导人们在更深层次去理解和应用经典理论。

5.1 耐火材料级棕刚玉

本研究所用棕刚玉的 2 次化学组成分析结果分别为：Al_2O_3 93.46%、94.09%，SiO_2 1.39%、2.23%，Fe_2O_3 0.12%、0.13%，TiO_2 2.19%、1.86%，CaO 0.51%、0.56%，MgO 1.05%、1.64%，K_2O 0.18%、0.08%，Na_2O

0.07%、0.07%，各组分含量的波动范围很小。电熔料的 Fe_2O_3 含量很低，这是由于还原熔融的缘故。当然，对于某些作业条件不是很严苛的热工窑炉用材料，也可应用磨料级的产品。

用于生产耐火材料的棕刚玉含有的一定量的 TiO_2（1% ~ 3%）是原料杂质中的主要成分，这是由铝土矿矿石的组成所决定的、不可清除的且没有太大负作用的组分。按照通常形成的概念，其一部分 Ti^{3+} 固溶于刚玉，一部分 Ti^{4+} 与其反应生成 Al_2TiO_5，都不算明显有害的作用。但实际上却非常复杂，Ti 离子不只是固溶于刚玉和以复氧化物 Al_2TiO_5（固溶体）形式存在，还会与其他少量杂质形成氮化物、多元化合物和被还原成合金，反应十分复杂。虽然 CaO 的含量不多，但也会生成 CA_6 型的复杂固溶体。

有关 Fe^{3+} 和 Ti^{3+} 固溶于刚玉的概念，已被写入很多的文章和书籍中，好像该理论已经变得确定无疑了；然而，近年我们在对烧结和电熔的诸多样品的研究中发现，它们的固溶度十分有限。2001 年，Viktorov 等做了"α-Al_2O_3 基固溶体的细结构"文献综述[6]，报道了有关三价过渡氧化物 M_2O_3（M = Ti，V，Cr，Fe）与 Al_2O_3 形成固溶体的大量现代研究结果。研究指出，除 Al_2O_3-Cr_2O_3 系确实形成连续固溶得到充分的理论与实践证实外，Ti、V、Fe 三元素在 α-Al_2O_3 中的固溶度均未获得验证，它们的互溶十分有限，即 Ti_2O_3 的固溶极限不过 5%（物质的量分数）；Al_2O_3-Fe_2O_3 系也只是达到（$Fe_{0.005}Al_{0.955}$）$_2O_3$ 组成。这些研究结论几乎完全否定了传统概念，当然，也为本研究提供了佐证。

既然 Fe^{3+} 和 Ti^{3+} 固溶于刚玉中的数量有限，对刚玉晶格构造的影响也就不大，反映在格子常数上也就无明显差别。图 5-1 为棕刚玉（BA-1）的 XRD 衍射谱线，与天然晶体（mineral）标样与烧结氧化铝（TA）对比分析刚玉晶体的 d 值，结果表明它们之间没有多少区别。

d 值对比结果见表 5-1。

表 5-1　不同刚玉的 d 值对比

I. %	70	97	42	100	42	82	45
天然晶体	3.48	2.551	2.379	2.085	1.7398	1.6014	1.3738
TA	3.4801	2.5524	2.3817	2.0871	1.7423	1.60186	1.3739
BA-1	3.4850	2.5556	2.3840	2.0875	1.7429	1.6035	1.3745
BA-2	3.4814	2.5492	2.3797	2.0859	1.741	1.602	1.375

值得指出的是，棕刚玉虽是熔体冷凝而成的结晶，但显微结构并不一定均匀，微量杂质也会在主晶相的间隙析出各种结晶。图 5-2 所示为低倍率下拍摄的耐火材料级棕刚玉的显微结构，表征刚玉的粒状结晶形貌，较大的颗粒达 200μm，刚玉晶间夹杂有多种包裹相。利用 EDS 测试该视域的综合组成，结果

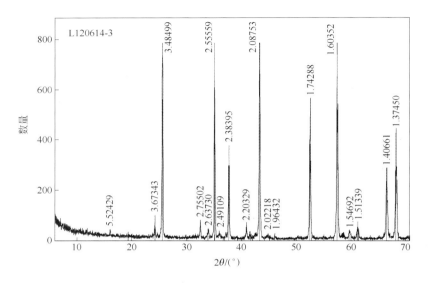

图 5-1 棕刚玉的 XRD 谱线

见表 5-2 中的"图 5-2"数据，从中可见，生成相中含有较多的 SiO_2 和 TiO_2，但唯独不含 Fe_2O_3。由图 5-2 中可见，刚玉晶间的夹杂相可分为两类，即氧化物（浅灰色）和碳、氮化物（白色微粒）。

表 5-2 生成相化学组成（质量分数）的 EDS 分析结果 （%）

图 号	SiO_2	Al_2O_3	Fe_2O_3	TiO_2	CaO	MgO	K_2O	MnO	ZrO_2	P_2O_5	Sc_2O_3
图 5-2	3.6	91.5		2.2	1.9	0.6	0.3				
谱图 73	0.7	84.8		0.5	10.1	0.6				3.3	
谱图 75		82.6		7.0	6.7	2.0					WO_3 1.7
谱图 80		75.8		8.8	9.2	3.6	0.2				
谱图 81（参见谱图 80）	0.9	76.7		11.6	8.9	2.0					
谱图 82（参见谱图 80）	0.2	82.1		7.6	6.6	2.3					Ce_2O_3 2.0
谱图 38	32.0	28.7			19.9	4.6			5.2		
谱图 47		3.3		95.6		1.1					
谱图 48		99.4		0.6							
谱图 13		17.4		52.1	0.9	0.8			28.9		
谱图 67	0.7	18.0		47.1	1.4	1.5		1.2	29.1		1.1

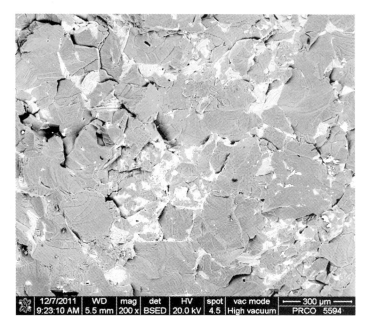

图 5-2 粗大的刚玉晶体及其间的夹杂相

5.1.1 氧化物

在放大倍率下观察刚玉晶间的夹杂相，可发现如图 5-3（a）和图 5-3（b）中所示的板柱状晶体的不同的晶面，都显示出 CA_6 的结晶习性；但 EDS 分析表明其中含有相当数量的 Ti 元素，测试多个部位（如图中 73、75、80、81、82 所示区域）显示组成有所差异，如图 5-4（a）~（c）及谱图 81、谱图 82（参见图 5-4 谱图 80）所示，具体测试数值见表 5-2。结果表明，5 组数据中只有方框 73 所标注的六方柱基面的组成基本为 CA_6 的近似组成，只是含有少量杂质 Si、Mg 和 P，结晶习性也有标志性。其他的 4 个组分中都存在大量的 TiO_2，组分波动范围（质量分数）为：Al_2O_3 75.8% ~ 84.8%、MgO 0.6% ~ 3.6%、CaO 6.6% ~ 9.2%、TiO_2 7.6% ~ 11.6%，相当于以 CA_6 为主的 $C(A，T)_6$ 固溶组成。个别的可固溶一些稀有元素，如 W、Ce、Sc 等。

图 5-5 所示为硅酸盐的微粒状结晶形貌，其 EDS 测试的组成相当于钙长石，CAS_2，填充于刚玉晶间，只有利用高倍率观察才能发现。如图 5-6 所示为刚玉晶间夹杂 TiO_2 的共生状态，由两者相接触界面的清晰度来看，相互间并无互扩散或反应的迹象。EDS 测试方框区域的组成显示，刚玉中固溶 TiO_2 只有 0.6%（图 5-6 中谱图 48）；而金红石固溶 Al_2O_3 可达 3.3%（图 5-7），也比较有限，因

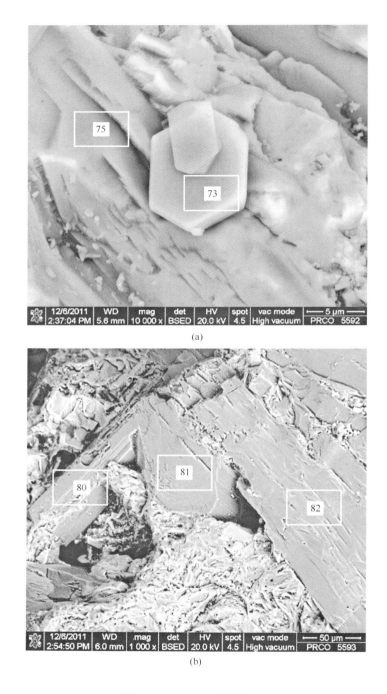

(a)

(b)

图 5-3   C(A，T)$_6$ 固溶组成

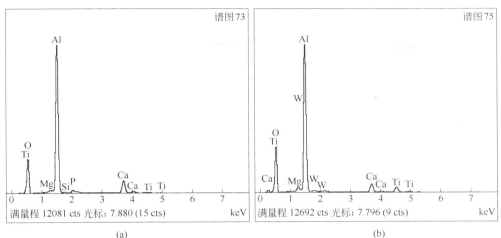

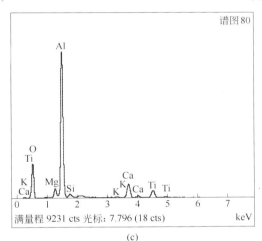

图 5-4 CA$_6$-AT 固溶体

为两者只是在熔体冷凝过程的（瞬间）分异析晶，缺乏互溶反应的条件。

ZrO$_2$ 在铝土矿中属稀有组分，常与金红石、锐钛矿（TiO$_2$）伴生，在烧结条件下受接触界面的限制，它们各自独立赋存，但在熔融温度下如何反应尚不清楚。图 5-8（a）所示的六方形晶面为一罕见的 Ti-Al-Zr 三元氧化物，EDS 测定其组成为 Ti-Al-Zr-O，见图 5-9（a）；图 5-8（b）与其相似，只是晶体不完整，图 5-9（b）为其组成，杂质含量较多，两者的 Al$_2$O$_3$ 和 ZrO$_2$ 含量十分相近，但是二者 TiO$_2$ 含量差异明显，相差了 5 个百分点（52.1% 与 47.1%）。总之，这两个图像及其组成均证实存在 Ti-Al-Zr 三元氧化物；不过，历史上的一些研究报道，对是否存在三元氧化物的问题，尚无定论。

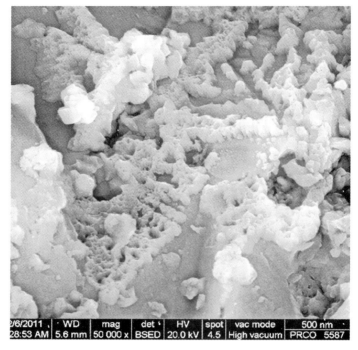

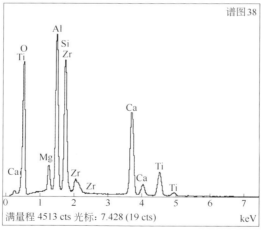

图 5-5   粒状 CAS_2 及 EDS 谱图

现有的 TiO_2-Al_2O_3-ZrO_2 相图中有 1955 年 A. S. Berezhnoi 和 N. A. Gulko 建立的 Fig. Zr 371 和 1980 年 P. Penn 和 S. DeAza 建立的 Fig. 92-009。前者指出存在 AT-Z 和 AT-ZT 两假二元系之间的互溶；后者以纯氧化物配料，研磨至粒度小于 30μm 的细粉并压制成小片，在钼丝炉中加热至 1725℃，保温 2～30h。以光学显

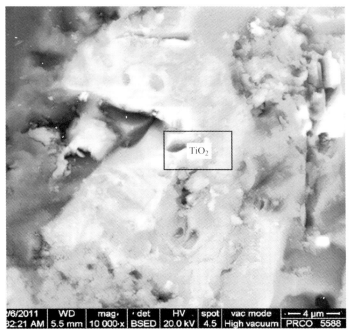

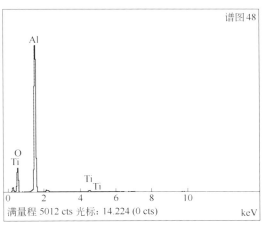

图 5-6 刚玉晶间夹杂的 TiO_2 及 EDS 谱图

微镜、XRD 和 EPMA 做相分析，结果表明存在 Al_2TiO_5-$ZrTiO_4$ 共轭相，两相之间互溶；AT-Z 为假二元分系和 T-ZT-AT 三元分系中存在 1620℃ 的共晶点，没有确认存在三元化合物；但表示在 1700℃ 会形成 TiO_2-Al_2O_3-ZrO_2 三元液相。这两个研究结果均认为 TiO_2-Al_2O_3-ZrO_2 系为固溶体，而不能确认存在三元化合物，那么，该固溶体的晶体构造是符合 AT 还是 ZT，将取决于其组成。根据上述相图估

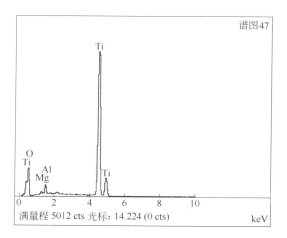

图 5-7 Al_2O_3 的 EDS 谱图

测，共晶点（或液相）的组成约为：TiO_2 50% 、Al_2O_3 25% 、ZrO_2 25% ，该组成与我们发现的三元化合物的组成有些接近。从晶体自范性判断，图 5-8 （a） 所示三元相应属 Al_2TiO_5 结晶特征。固溶了的 Zr^{4+}，应为 $Al_2(Ti, Zr)O_5$，从熔体冷凝而成。

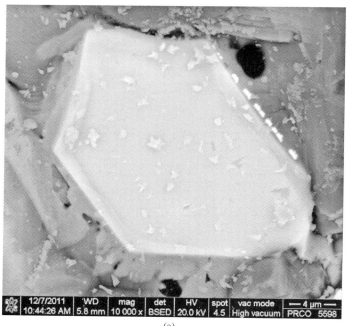

(a)

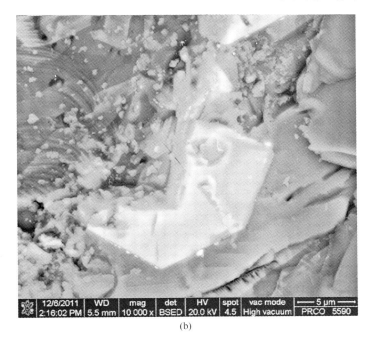

(b)

图 5-8　Ti-Al-Zr 三元氧化物

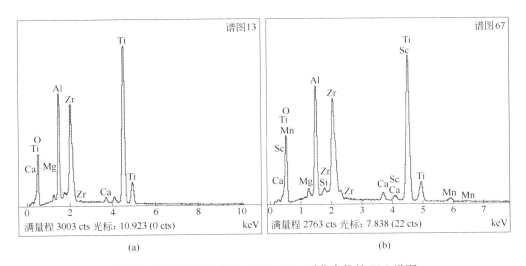

(a)　　　　　　　　　　　　　　　(b)

图 5-9　不同组分的 TiO_2-Al_2O_3-ZrO_2 系化合物的 EDS 谱图

ZrTiO$_4$ 是一种微波介电材料，为组成广泛的固溶体，采用溶胶法可在较低的（远低于 1000℃）温度下合成纳米粉晶。刘素文等[7]以溶胶法在 500～700℃合成 ZrTiO$_4$，诸如此类的研究成果在很久以前便有大量报道。至于对 Al$_2$TiO$_5$ 的性质、合成和应用的研究在陶瓷领域更是公知信息，但其晶轴异向膨胀性质也受到在某些领域的应用限制，于是想到添加第二相材料加以补偿，根据 TiO_2-Al_2O_3-ZrO_2 系相平衡关系制备复相材料。Kim 和 Cao[8] 报道了以固相反应合成 $ZrTiO_4$-Al_2TiO_5 系（ZAT）陶瓷的研究结果。实验用原料为现成的 β-Al_2TiO_5，$d_{50} <$ 2.5μm，另外还有用氧化物 ZrO_2 和 TiO_2 在 1600℃ 合成的 $ZrTiO_4$，将这两种原料研成微粉，按摩尔比为 50%～90% 配成 5 个组成，经 1400℃、1500℃ 和 1600℃ 三个不同温度条件各烧结 2h 获得两相材料，称为 ZAT，合成试样为两相组成，随着 AT 比例增多，密度下降。合成试样具有很低的热膨胀系数（(0.3～1.3)× 10^{-6}/K），而纯 ZT 的热膨胀系数为 8.29×10^{-6}/K，AT 单晶理论值 9.70×10^{-6}/K，AT 多晶材料为 0.68×10^{-6}/K。在 750～1400℃ 条件下热处理 100h 后具有很高的热稳定性。用 SEM 和 XRD 研究了其显微结构后发现，合成试样之所以具有低膨胀和高热稳性，是由于 AT 高轴向非均膨胀引起的微裂纹以及利用 ZT 来抑制 AT 的晶体长大的效果。

5.1.2　碳氮化物和合金

电熔类耐火原料含有个别还原相和金属是常见现象，通常认为与熔融制度（氧化法或还原法）有关。熔制棕刚玉属相对廉价的产品，不会特意控制氧化法熔融，所以存在还原相和金属并不奇怪，只是不太被人们关注而已。

如图 5-10 所示的圆球为金属或玻璃的标志性形貌，其直径达 8μm，可供精

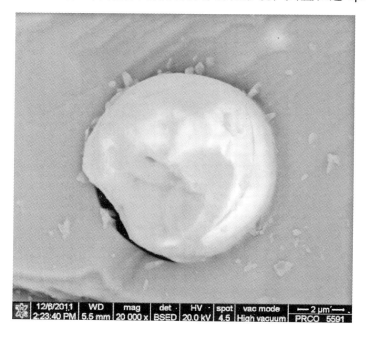

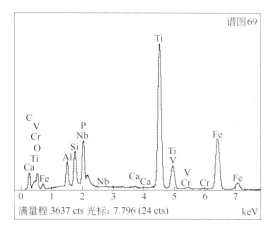

图 5-10 Ti-Fe-P 合金及 EDS 谱图

确地测试元素属性，其 EDS 分析结果如图 5-10 谱图所示，显示为 Ti-Fe 的碳、氧化物。其他少量元素中可确认的为 P、V、Al 和 Si，表明熔融料局部是处于某种还原气氛下的冷凝过程。如图 5-11 所示的圆球同样为金属标志性形貌，其直径达 10μm，主成分为 Si-Ti-Fe 的碳、氧化物，是由许多 300~500nm 的微粒构成，EDS 分析结果见图 5-11 谱图，具体测试数据见表 5-3。

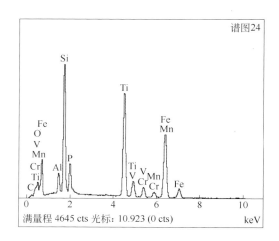

图 5-11　Si-Ti-Fe 合金及 EDS 谱图

表 5-3　碳氧化物、氮氧化物和合金的组成（质量分数）EDS　　　　　（%）

图号	C	N	O	Al	Si	P	S	Ca	Fe	Ti	V	Nb	Cr	Mn
谱图 69	40.2		23	2.5	3.0	4.4		0.1	9.5	16.1	0.6	0.4	0.1	
谱图 24	9.7		24.6	3.1	18.5	5.1			18.1	17.5	0.4		2.0	1.1
谱图 103		25.7	2.2	0.6						41.5				
谱图 4			10	5.1	25.7	1.0			57.0	1.3				
谱图 93①			62.5	19.6	2.4		5.9	8.4		0.4				0.6

①电子束取样穿透微细结构，测试值为 CA_6 + $CaSO_4$ 两相的混合数据。

　　图 5-12 所示的粒状晶体的主元素为 Ti，由图 5-13 可见，呈现出很强的 N 峰和次强的 O 峰，判断为氧化钛、氮化钛。图 5-14 所示也为刚玉晶间的球形包裹物，直径约 3μm，EDS 分析显示主元素为 Fe 和 Si，如图 5-14 谱图所示。实质为 Si-Fe 合金，出现的 O 峰是刚玉基晶的干扰。冷凝的硅酸盐大多没有特征形貌，如富含钙的液相除结晶出组成有波动的 CA_6 外，还生成 CaS，如图 5-15 中方框所示为 CA_6 晶间的细柱状 CaS。因其结晶微细，柱面尺寸小于 1μm，图 5-15 谱图显示出很强的 Al 峰是由于测试区域包含了 CA_6。由于 CaS 易水化，引起相界开裂，因此硫是最有害的组分。

　　由以上分析结果可见，在氧化物类熔体析晶产物中，基本上都不含 Fe 元素，而是赋存于碳、氮氧化物中或形成合金。

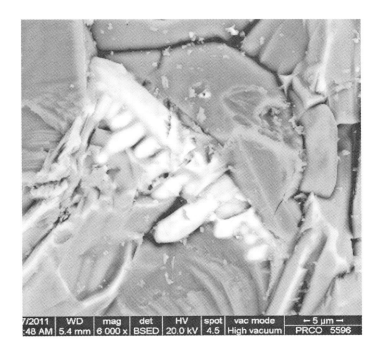

图 5-12 氧化钛、氮化钛

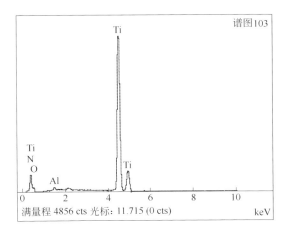

图 5-13 Ti、N、O 的 EDS 谱图

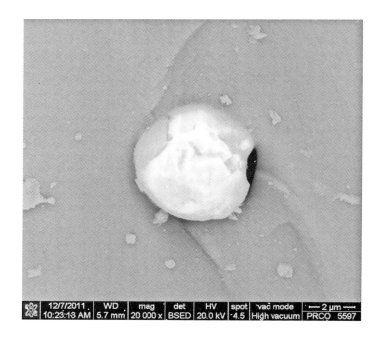

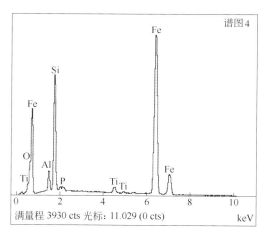

图 5-14   Fe-Si 合金及 EDS 谱图

5.2   磨料级棕刚玉

    磨料级的棕刚玉杂质较多且分布不均，从对不同部位和不同破碎粒级的棕刚玉的化学分析结果可见，较细的粒级含杂质多，特别是炉底料相差更为明显，分

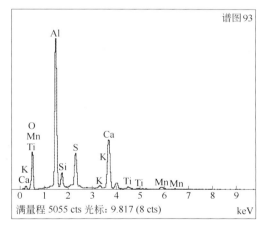

图 5-15 CA_6 晶间夹杂的 CaS 及 EDS 谱图

析结果见表 5-4。

　　炉帽料的不同粒级料虽有些差异，但都普遍比耐火级原料含有略多的 SiO_2、Fe_2O_3 和 TiO_2 等杂质，但基本上仍可满足耐火材料行业的不同需要；但炉底料为氧化铁的沉积区，粉碎料越细，杂质越多。

表5-4　棕刚玉化学分析结果（质量分数）　　　　　　　（%）

类别	粒级/mm	化 学 组 成										
		SiO$_2$	Al$_2$O$_3$	Fe$_2$O$_3$	TiO$_2$	CaO	MgO	K$_2$O	Na$_2$O	ZrO$_2$	SrO	Cr$_2$O$_3$
炉帽	0~1	2.58	91.81	1.22	2.40	0.48	0.32	0.31	0.119	0.08	0.08	0.04
	1~3	2.91	91.39	1.01	2.31	0.53	0.56	0.37	0.081	0.29	0.29	
	3~5	2.81	92.45	0.45	2.40	0.47	0.35	0.33	0.114	0.07	0.07	
炉底	0~1	12.76	63.16	14.12	6.87	0.49	0.25	0.34	0.109	0.39	0.39	0.14
	1~3	10.61	69.86	11.04	5.86	0.55	0.41	0.41	0.099	0.35	0.35	0.14
	3~5	9.66	72.13	10.43	5.56	0.49	0.39	0.32	0.114	0.06	0.06	0.16

注：磨料级棕刚玉都含有微量 P$_2$O$_5$、SO$_3$ 和 MnO，表内略。

　　炉底部位的料通常被视为废料，但是从材料综合利用的角度出发，在某些场合也可实现废物利用，例如用于水泥窑温度不高区域的耐磨散状料；另一方面，从学术研究的角度来讲，不同组合的棕刚玉材料为研究熔体析晶的相平衡关系和晶体生长现象，提供了丰富的资源，有益于充实和更新经典学说，并可反过来为生产实践服务。

5.2.1　炉帽料

　　炉帽料含有的杂质生成低熔液相，冷凝析晶形成的玻璃相胶结刚玉晶体的显微结构，如图5-16所示。刚玉晶体呈多边形粒状或短柱状，较大者达 100μm，

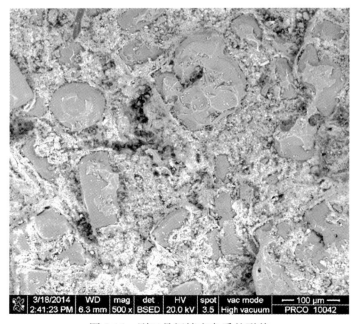

图 5-16　刚玉晶间填充杂质的形貌

经 EDS 测试结果表明，刚玉晶体很纯净，测不出有杂质存在，见图 5-17。图 5-18 所示为刚玉与玻璃相的界面，图中左侧为刚玉，右侧为玻璃相（glassy），其组成如图 5-19 所示。炉帽料中含有的玻璃相组成复杂，但基本上不含铁氧化物，这是个很重要的特征。

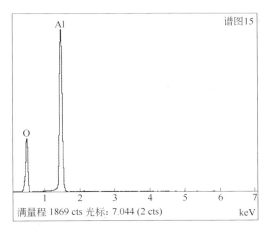

图 5-17 刚玉的 EDS 谱图

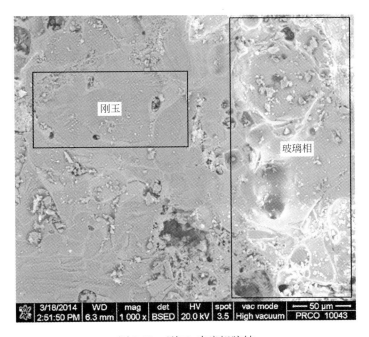

图 5-18 刚玉-玻璃相胶结

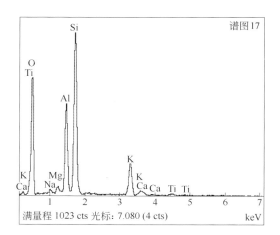

图 5-19 Al-Si-K 玻璃相的 EDS 谱图

刚玉晶间析晶相中 AT 是最普遍的，由 10000 倍率下拍摄的图 5-20 显示其为细针状，其中含有较多 SiO_2 是因为胶结了玻璃相。排除少量 MgO、K_2O 和 SiO_2 形成的玻璃相，AT 晶体的 Al/Ti（原子数比）符合 Al_2TiO_5 的计量组成。对炉帽料的测试结果表明 Ti 离子几乎未固溶于刚玉中，而是生成 AT，且无 Fe 离子固

图 5-20 细针状 AT 析晶

溶，这是因为原料中铁含量不高。图 5-21 所示为呈取向生长的 AT 晶簇生长于刚玉晶体的空隙中，即在富铝的环境中结晶，当然也不固溶铁离子，为纯 AT 组成，其 EDS 谱图见图 5-22，EDS 测得各类生成相的化学组成见表 5-5。

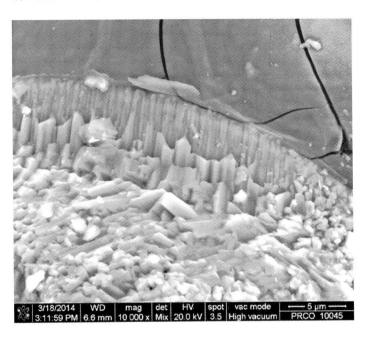

图 5-21　呈取向生长的 AT

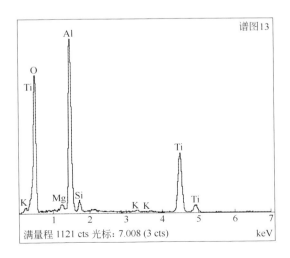

图 5-22　Al_2TiO_5 的 EDS 谱图

表 5-5   磨料级棕刚玉存在相的化学组成（质量分数）的 EDS 谱图   （%）

图　号	SiO_2	Al_2O_3	FeO_n	CaO	TiO_2	MgO	K_2O	Na_2O	ZrO_2	P_2O_5	SO_3
谱图 15		100									
谱图 190	1.9	1.8	2.1		93.6		0.6				
谱图 13 AT	5.0	52.7			40.2	1.7	0.5				
谱图 17G	61.0	24.0		1.2	0.9	1.6	10.3	1.1			
谱图 14G	53.3	21.1		2.2	5.0	1.1	8.4	3.1	3.3		
谱图 43G	37.6	24.0	26.4		7.7				4.4		
谱图 22	3.8	2.2	64.1	2.7	26.4						
谱图 37	2.0	2.1			1.9				94.0		
谱图 48	40.3	1.5	44.7		11.2					2.3	
谱图 50	38.9	0.9	52.8	0.4	4.5					0.8	0.8
谱图 165	2.7	6.6	90.7								
谱图 176	27.5	70.2	2.3								
谱图 158	1.7	89.7		8.6							
谱图 58	C										

图 5-21 所示为呈取向生长的细柱状 AT 的形貌特征，与在固相反应温度条件下生成的 AT（第 4 章第 4.1.3 节如图 4-10 所示的 AT 晶体内部呈细柱状取向生长的结构细节）十分相似。这就意味着时间充分的固相反应所造就的 AT 析晶行为也可达到熔融析晶的类似效果，不必拘泥于只取决于温度高低的观点了。

5.2.2　炉底料

炉底料含有 10% 的 SiO_2、10% 的 FeO_n 和 5% 以上的 TiO_2 以及其他杂质，在组成上造就了析晶条件的复杂性。由于以 SiO_2-Al_2O_3-FeO_n-TiO_2-CaO 为主的多元系熔液的黏度相对较低，便于晶体的自由生长，如刚玉晶体可以析出百余微米的自形晶体，如图 5-23 所示。与炉帽料中的刚玉一样高纯，EDS 测不出其他杂质，由图 5-24 可见。说明在混杂的熔液中析晶的刚玉可以是纯净的结晶，可以不固溶其他元素，特别是在富含 FeO_n 的熔体中，此点更值得关注。图中心方框区的刚玉晶间富集 FeO_n，在放大倍率下（图 5-25）观察发现，铁氧化物附着于刚玉晶体表面，没有渗入到刚玉内部互溶，图 5-26 所示为 FeO 的组成，夹杂了部分铝和硅。同样的富铁区域随处可见，这些都表明在熔液冷凝过程中发生的偏析现象很普遍，图 5-27 所示的团粒状和微粒状晶体都为铁氧化物，夹杂于刚玉晶间。以上显微结构特征表明，Fe^{3+} 固溶于刚玉的程度极微；同样，Ti 不易溶于刚玉的现象也有证实。图 5-28 所示的图像生动地表现出刚玉晶体内部细小分散状包

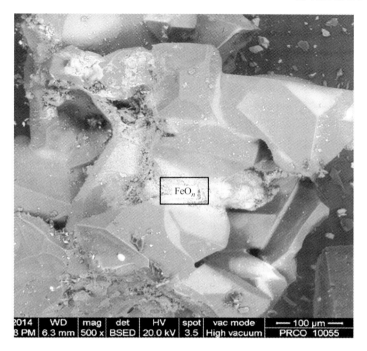

图 5-23 液相析晶的刚玉自形晶

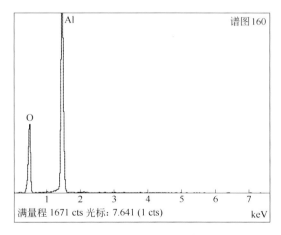

图 5-24 刚玉的 EDS 谱图

裹物的分布特征，大多为小于 $10\mu m$ 的小颗粒，但适于用 EDS 测量。EDS 测量结果见图 5-29，结果显示主元素竟然是 Ti 和 C，图中显示出很强的 C 峰，出现少量 O、Al 元素峰，可能是电子束取样的干扰。此结构特征显示，在刚玉晶体内

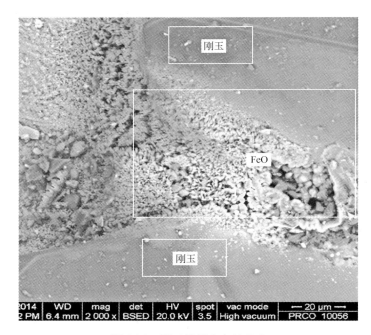

图 5-25 刚玉晶间夹杂的 FeO

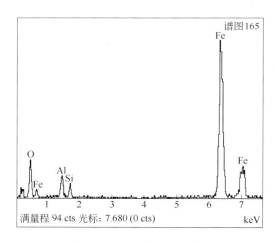

图 5-26 FeO_n 的 EDS 谱图

部包裹了先行结晶的 TiC 晶体，符合熔融还原的工艺条件。

TiO$_2$ 是重要的组分，大多以生成 AT 的形式存在，如同上述炉帽料的组分；但在个别区域也会结晶出自形程度很高的金红石，如图 5-30 所示，其中较大晶

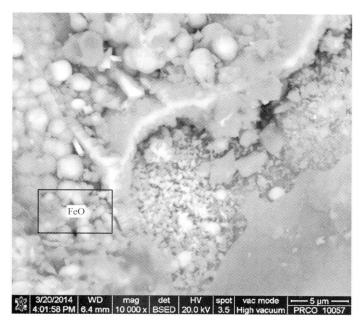

图 5-27 FeO 的微晶和团粒形貌

图 5-28 刚玉晶内包裹 TiC

体可达 $40 \sim 50 \mu m$。EDS 分析结果见图 5-31，表明晶体中含有少量 SiO_2、Al_2O_3、FeO_n 等杂质。TiO_2 形成何种组成和形态的含钛相取决于析晶环境，在极端条件下，可以以纯钛相或钛铁矿或碳化钛的形态出现。图 5-32 所示的区域为含铁、

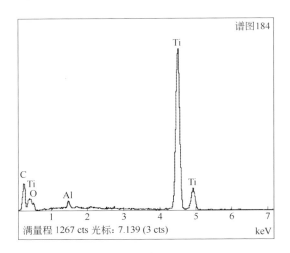

图 5-29 TiC 的 EDS 谱图

图 5-30 金红石结晶形貌

钛的玻璃相，其中有各种细小晶体，都是以铁、钛为主的硅酸盐，但十分复杂。图 5-33（a）和图 5-33（b）为两典型组分，主元素 Si/（Ti + Fe）接近于 1。

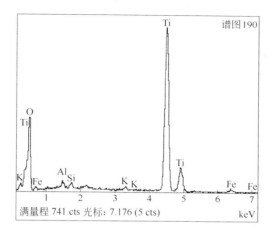

图 5-31　TiO$_2$ 的 EDS 谱图

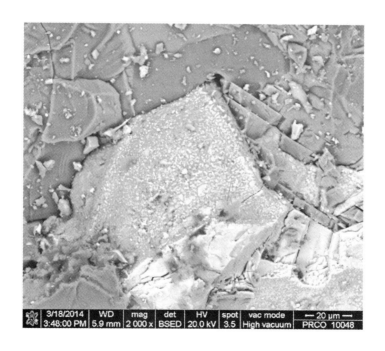

图 5-32　富铁玻璃相中铁钛硅酸盐析晶

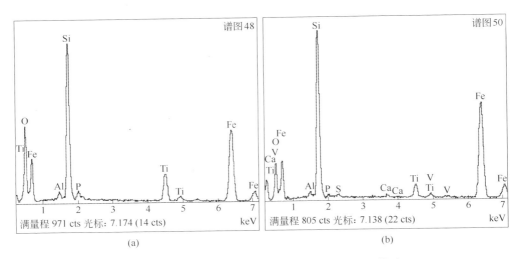

图 5-33   Fe-Ti 硅酸盐（（Fe，Ti）SiO_3）的 EDS 谱图

　　局部区域还会结晶出粗大的莫来石晶簇，如图 5-34 所示，长柱方向大于 100μm，EDS 检测表明除了含 2.6% 的 FeO 外，没有其他杂质（见图 5-35）；而在莫来石晶簇之间却夹杂许多团聚状的 FeO。在富含铁的析晶环境中，Fe 离子在莫来石中的固溶也有限。

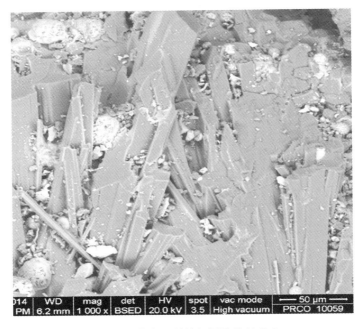

图 5-34   莫来石晶簇间团聚状的 FeO

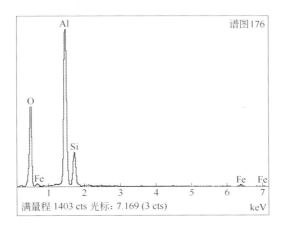

图 5-35　莫来石的 EDS 谱图

　　CaO 在炉底料中的综合含量并不多，只有 0.5% 左右，但它并非均匀分布而是呈局部富集状态。图 5-36 所示为大范围的 CA_6 结晶形貌，其 EDS 分析结果（见图 5-37）显示其为近计量组成。

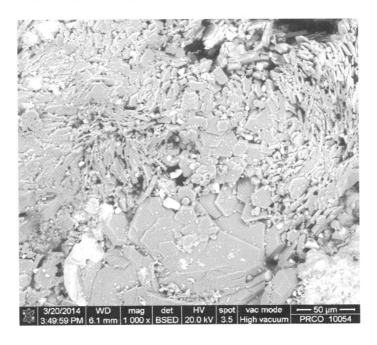

图 5-36　CaO 富集区的 CA_6 结晶

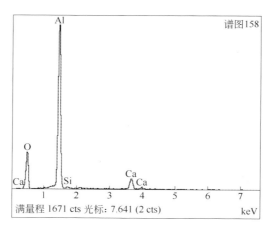

图 5-37 CA_6 的 EDS 谱图

在含铁、钛的玻璃相中有时会测得含少量 ZrO_2，如表 5-5 中的图 5-38 的组成。在很多情况下，Zr^{4+} 不参与生成玻璃相而是析晶出 ZrO_2，由于结晶微细而淹没于玻璃相中不易被发现，当以 EDS 测试玻璃相的组成时，常被误解为 Zr^{4+} 参与形成了玻璃相。图 5-39 所示的羽状析晶尺寸较大，可供 EDS 准确地测试其组成，结果如图 5-40 所示，显示其主成分为 ZrO_2 并含少量杂质。

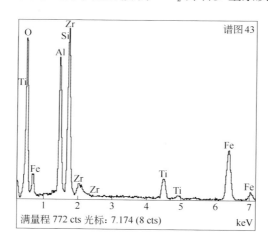

图 5-38   玻璃相的 EDS 谱图

熔融棕刚玉的电炉内部有一定的还原性质，所以出现了一些还原物。而且，石墨电极的耗损也会造成碳质夹杂，甚至结晶为良好的片状晶体，如图 5-41 所示。EDS 分析显示其为纯碳，如图 5-41 的谱图所示。

图 5-39 玻璃相中的 ZrO_2 析晶

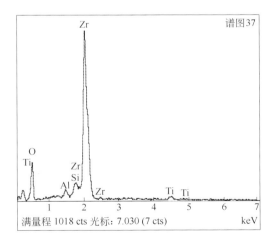

图 5-40 ZrO_2 的 EDS 谱图

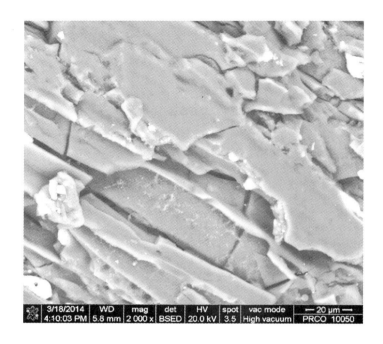

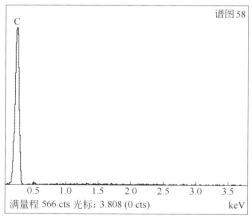

图 5-41　石墨及 EDS 谱图

5.3　莫来石-钛铁矿磨料

　　以铝土矿为原料熔制的磨料主晶相不应该是莫来石,在棕刚玉中出现它,也是局部非平衡析晶的结果。然而,当前市场上出现一种 Al_2O_3 含量在 60% 左右的磨料级"青刚玉",显然不符合冶金行业标准规定的、磨料级青刚玉 Al_2O_3 含量大于73%的要求。经研究发现，这是一种主晶相为莫来石和玻璃相及其二次析晶相组成的复杂材料。这种相组合赋予了磨料所需要具备的韧性，但耐磨性如何，值得引起人们的关注，这是因为莫来石的硬度比刚玉低得多。

样品为小于2mm的颗粒，宏观特征表现得十分均匀，化学分析（XRF）结果显示，Al_2O_3 含量只有61.10%，SiO_2 含量为25.54%，氧化铁的含量（FeO + Fe_2O_3）为7.32%，其中FeO含量为6.30%，与还原法电熔工艺相符。TiO_2 含量为铝土矿的标志性组分，其他杂质，如CaO、MgO、K_2O 和 Na_2O 的含量均较明显，概源于低档铝土矿，全分析结果见表5-6。依据化学分析铁主要为FeO的事实，EDS测量的Fe元素也以 Fe^{2+} 计算。

表5-6 化学分析和相组成结果（质量分数） （%）

项 目		SiO_2	Al_2O_3	Fe_2O_3	FeO	TiO_2	CaO	MgO	K_2O	Na_2O
原料，XRF法分析		25.54	61.10	1.02	6.30	2.78	1.22	0.27	0.49	0.27
图5-42 全区 EDS 分析		31.6	58.9		5.4	2.9	1.2			
谱图58，G + FT		24.5	9.3		31.2	31.3	1.3	1.9	0.6	
莫来石，谱图54		21.0	76.7			2.3				
		24.3	74.6			1.1				
玻璃相	谱图53	56.6	18.1		16.8	1.9	4.2	1.0	1.6	
	谱图53-1	60.1	16.7		12.4	2.3	5.1		1.6	1.0
硅酸盐	谱图19	39.2	26.6		26.0	5.4	1.3	0.7	0.8	
	谱图20	40.2	33.9		22.2	1.4	0.6	1.0	0.7	
谱图21，FT		4.0	2.7		45.2	46.5	0.6	1.2		
谱图11		11.0	5.7		41.3	40.4	1.2		0.4	
谱图16		11.5	7.5		41.8	38.2	1.0			

XRD分析结果表明，主晶相为莫来石，其 d 值为3.4309nm、3.3932nm、2.8865nm、2.6980nm、2.5492nm、2.2091nm、2.1239nm、1.5276nm，完全符合标样的结果，意味着没有固溶显量的Fe、Ti离子。样品中存在少量刚玉，其 d 值也与其他类型 α-Al_2O_3 的结果相近，见表5-1中BA-2样品的测试结果。依据衍射线强度不高推测，样品中玻璃相含量较高。XRD分析没能显示出其他结晶的特征衍射峰，这是因为二次析晶相微细且被包裹于玻璃相中，因此很难被检测出来，只好利用EDS分析作为形貌分析的佐证。

图5-42所示的结构由莫来石、玻璃相及其中的二次析晶相组成，由于其为低倍图像，因此基本上能代表材料的组成和结构。借EDS对全面积扫描分析，结果与样品的化学分析结果相当接近，如表5-6中"图5-42全区EDS分析"的数据所示。玻璃相中的柱状莫来石晶体，其中较粗大晶体的横切面尺寸达

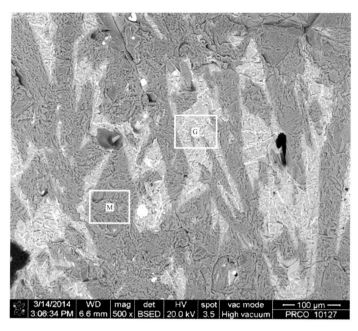

图 5-42　莫来石晶间玻璃相及其析晶

100μm，EDS 测试结果显示，晶体的 Al_2O_3 含量为 74.6% ~76.7%，皆为高铝莫来石。其中固溶 TiO_2 的含量（质量分数）为 1.1% ~2.3%，虽然原料中氧化铁的总量高达 7.32%，却只有少量固溶于莫来石晶格中，见图 5-43 和表 5-6 中的数据。参照原料和莫来石组成并结合显微图像来估算，莫来石含量为 75% ~80%。方框 G（见图 5-41 中谱图）表征的是莫来石晶间的玻璃相和二次析晶相的综合结果，其中含有 30% 以上的 FeO、TiO_2，选择纯净的玻璃相区域，测得的组成如图 5-44 所示，测定不同区域的玻璃相组成虽有差异，但波动范围不大，其中各组分含量为：SiO_2 56.6% ~60.1%、Al_2O_3 16% ~18%、FeO 12% ~17%，表明其为 Fe-Al-Si 系玻璃相，含有 4% ~5% 的 CaO 和少量 MgO、K_2O。所示的结果之差很好地显示了相组成的差异，值得指出的是，TiO_2 在液相中的含量只有 2%。考虑到主晶相莫来石的 Ti^{4+} 固溶量远低于原料中的总量，这就意味着它主要是构成钛铁矿或固溶体（AF）T 结晶，而只有少量 TiO_2 溶于莫来石和玻璃相中。在 500 放大倍率下拍摄的图像（见图 5-42）中可见有线性排列的微细晶体，但要更清晰的图像需在更高倍率下观察。

　　测完玻璃相组成之后，用 10% HF 溶液对光片蚀像处理（20℃、30s），拍摄同样放大倍率的照片，可以显示出玻璃相二次析晶的形貌，如图 5-45 所示。在

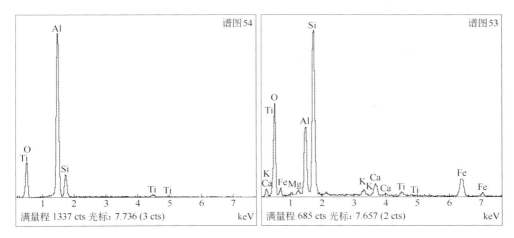

图 5-43   莫来石的 EDS 谱图   图 5-44   玻璃相的 EDS 谱图

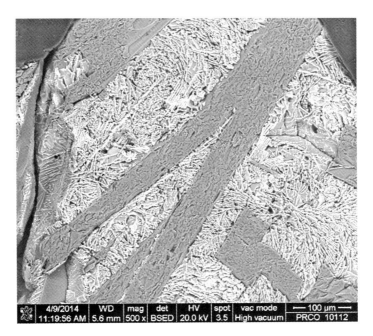

图 5-45   HF 10%蚀像后显示玻璃相析晶

5000 放大倍率下观察蚀像后的图像，在有限的焦深显示出了析晶的形貌，辨识出几类不同的析晶形貌特征，利用 EDS 测量确认其属性。

判断玻璃相与硅酸盐结晶比较困难，这是因为两者都为 SiO_2-Al_2O_3-FeO 系组分，但在组元比例上有明显差异：如图 5-46、谱图 20（参见图 5-46 的谱图 19）

所示的组成便符合析出铁铝硅酸盐结晶的条件。如图 5-47 所示为片状的硅酸盐结晶特征形貌，当然不宜以计量组分予以定性，只是表明熔体冷凝过程的复杂性。比较图 5-46 与图 5-44 清晰可辨。

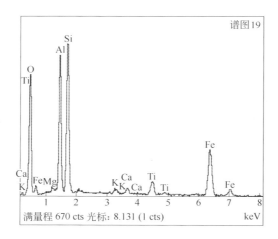

图 5-46 硅酸盐的 EDS 谱图

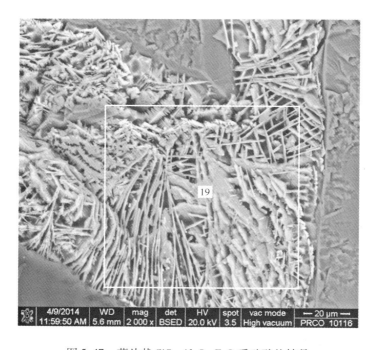

图 5-47 薄片状 SiO_2-Al_2O_3-FeO 系硅酸盐结晶

图 5-48 （a）和图 5-48 （b）所示为线性排列的树枝晶，此结构特征表明浓

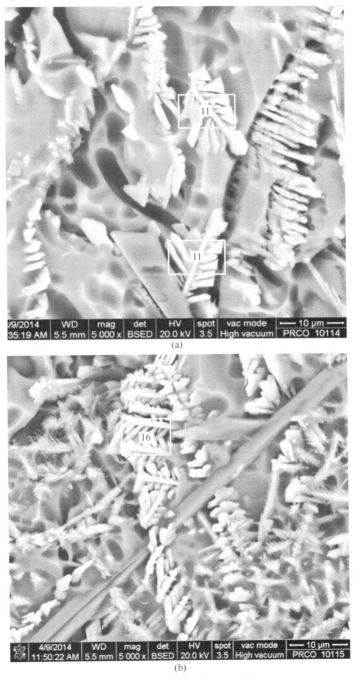

(a)

(b)

图 5-48 线性排列的树枝晶

度饱和度低和液相冷凝速率较快,不适于晶体发育生长。EDS 测试结果如图 5-49 和谱图 16 (参见图 5-49 的谱图 11) 所示,表明其主成分为:TiO_2 41.3% ~ 41.8%、FeO 38.2% ~ 40.4%,另外含相当数量的 SiO_2 和 Al_2O_3 以及少量的 CaO,可能是因为玻璃相干扰。图 5-50 所示为发育良好的似菱方形结晶,尺寸达

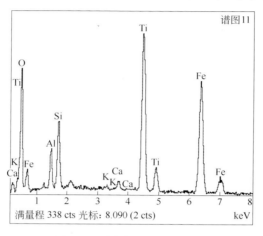

图 5-49 树枝晶的 EDS 谱图

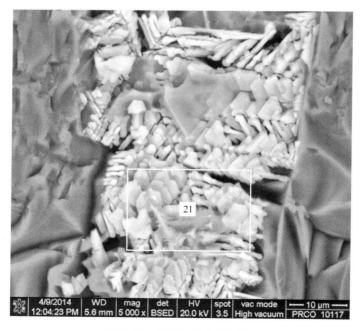

图 5-50 $FeTiO_3$ 取向性析晶

3～5μm，EDS 测试结果（见图 5-51）（质量分数）为：TiO_2 46.5%、FeO 45.2%，接近于 $FeTiO_3$ 的理论组成（质量分数），即 TiO_2 52.66%、FeO 47.34%，因其可形成 $FeTiO_3$-Fe_2O_3 系固溶体且可互溶 Mg、Al 等组分，因此没有呈现计量组成而是有一定的波动范围。

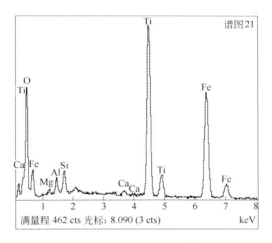

图 5-51　$FeTiO_3$ 的 EDS 谱图

参 考 文 献

［1］Лапин В В. Д. С. Белянкин Избранные Труды Ⅰ ［M］. Москва，1956.

［2］Филоненко Н Е. Плавлений Корундом ［J］. Доклады Академи Наук，СССР，1945，48（6）：456.

［3］Schrewelius N G. Constitution and Microhardness of Fused Corundum Abrasives ［J］. JACS，1948，31（6）：170～175.

［4］菲洛年科，拉符罗夫. 人造磨料岩相学 ［M］. 北京：机械工业出版社，1965.

［5］Sokolov A N，Kazakov S V，Tsiporina S Z. Phase Chemical Analysis of a Fused Refractory Based on Bauxite Concentrate ［J］. Refractories，1987，28（11～12）：629～634.

［6］Viktorov V V，Kovalev I N，Ryabkov Y I. Fine Structure of α-Al_2O_3 Based Solid Solutions ［J］. Inorganic Materials，2001，37（10）：983～991.

［7］刘素文，王彦敏，吕孟凯，等. $ZrTiO_4$ 纳米晶的低温合成及其吸附特性 ［J］. 功能材料，2004，35（增刊）：2771～2773.

［8］Ik Jin Kim，G Z Cao. Low Thermal Expansion Behavior and Thermal Durability of $ZrTiO_4$-Al_2TiO_5-Fe_2O_3 Ceramics Between 750 and 1400℃ ［J］. J European Ceramic Society，2002，22：2627～2632.